U0304636

丛书编委会

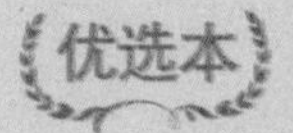

这些经典作品是人类高尚心灵的印记。

阅读这些经典作品，可以使童年的阅读成为一生永远的快乐。

享受快乐阅读的时光，温暖孩子的幸福童年。

约会名著

生命中不容错过的文学经典

Rensheng BiduShu MeiHuiBan | 优选本 |  

森林报

(苏)比安基/著

邓敏华/编著

山东美术出版社

紧扣课标，名家导读，精心批注，扫除阅读障碍，重点提高阅读和写作能力。

1 分类汇总

按照不同内容分类，方便读者阅读。

歌舞月（春三月）

森林中的大事

森林乐队

【举例】以莺在春天的表现引出下文的其他动物。

在这个季节，莺唱起歌来，不管白天还是黑夜，从未停过。小孩子都很好奇，它难道不睡觉吗？实际上，春天的鸟没时间睡大觉，它只能小睡一会儿，接着唱首曲；又睡会儿，又唱第二首；在半夜里睡一小会儿，中午再睡一小会儿。

【场景描写】总写了春三月森林里的热闹与充满生机。

在每个清晨和黄昏，不只是鸟，森林里所有的动物都在尽情表演，展现自己的才华。

2 阅读理解

根据内文分析，引导学生深入思考，提升理解能力。

在森林里，你不仅可以听到清脆的独唱、小提琴独奏、敲鼓声和吹笛声，还可以听到各种各样的叫声，甚至还可以听到各种吱吱声、嗡嗡声、呱呱声和咕嘟声。它们的分工非常明确：燕雀、莺和鸫鸟的特长是唱歌，它们用清脆的嗓子歌唱；甲虫呀，蚱蜢呀则拉着小提琴；啄木鸟敲着鼓；黄鸟和小巧可爱的白眉鸫吹着笛子；狐狸和白山鹑吠叫着；牝鹿咳嗽着；狼嗥啸着；猫头鹰哼唧着；丸花蜂和蜜蜂嗡嗡地叫着；青蛙刚开始是咕噜咕噜的叫声，接着又呱呱地叫着。谁都没有错过这样的演出，就算没有好嗓子也没有关系。动物们都按照各自的爱好选择乐器。啄木鸟首先寻找到了声音清脆的枯树枝作为它们的鼓。它们那非常结实的嘴巴，作为鼓槌再合适不过了。天牛嘎吱嘎吱地转动着坚硬的脖子，这难道不像是在拉小提琴的声音吗？蚱蜢的小爪子上有一个小钩子，翅膀上有锯齿，所以它用小爪子挠翅膀。麻鹭把长嘴伸到水里，用力一吹，水咕噜咕噜翻腾起来，整个湖顿时响起了一阵喧闹声，好像是牛的叫声。沙锥更是花样百出，它竟可以用

【承上启下】承上启下。

【运用修辞手法】比喻形象、准确，写出了天牛“唱歌”时的动作。

3 精美插图

根据文章配上精美彩图，让阅读不再枯燥无味。

【名师点拨】

这章主要描写了阳春三月到来，动植物们的生活变化及习性特点，描写生动，富有特色。

【回味思考】

1.水底音响收听装置的发明有什么意义？
2.花是怎样保护自己的花粉的呢？
3.雌山鹑孵蛋时，雄山鹑为什么不能叫唤？

阅读训练

一、填空题

1. 维·比安基是________著名________文学作家。他的主要作品有________、________、________。

2. 在春天里打猎的对象主要是树林里和水面上的________，不允许带________。

4 名师点拨

分析内容及写作手法，让学生掌握重点。

5 回味思考

提出有针对性的问题，让“读”与“想”紧密结合。

6 阅读训练

读文章，做题目，让学生进一步巩固所学内容。

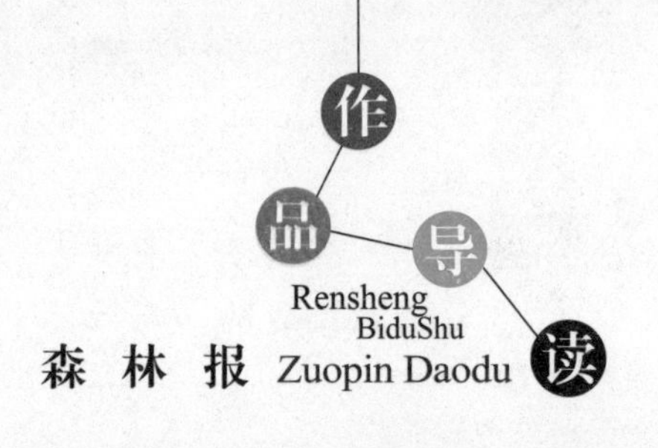

维·比安基（1894 ~ 1959）是苏联著名儿童文学作家。比安基从小热爱大自然，喜欢各种各样的动物，特别是在他的父亲——一位俄国著名自然科学家的熏陶下，早年就投身到大自然的怀抱当中。27 岁时，他记下一大堆日记，积累了丰富的创作素材。他在 1923 年成为彼得堡学龄前教育师范学院儿童作家组成员，开始在杂志《麻雀》上发表作品。从 1924 年发表第一部儿童童话集，到 1959 年因脑溢血逝世的 35 年的创作生涯中，比安基一共发表 300 多部童话，以及中篇、短篇小说集，主要有《林中侦探》《山雀的日历》《雪地侦探》《少年哥伦布》《蚂蚁的奇遇》等。

比安基从事创作 30 多年，他以其擅长描写动植物生活的艺术才能、轻快的笔触、引人入胜的故事情节进行创作。《森林报》是他的代表作。

《森林报》采用报刊形式，按春、夏、秋、冬四季 12 个月，有层次、有类别地报道森林中的新闻、森林中愉快的节日和可悲的事件、森林中的英雄和强盗……将动植物的生活表现得栩栩如生，引人入胜。作者还告诉孩子们如何去观察大自然，如何去比较、思考和研究大自然。

《森林报》还是一本博物志，寓教于乐。小朋友们通过阅读不仅可以从森林里的“八卦”中得到欢笑，更能增长见闻，丰富知识，对于语文、地理、生物等学科的学习大有裨益。森林里的乐趣无穷多，每个小动物都有自己的生活方式，在一年四季中演绎着别样的烟火。细细读来，更能让人领略大自然的神奇。

目录

森 林 报

Mulu Senlinbao

春

夏

冬眠结束月（春一月）

森林中的大事

发自森林的第一封电报

白嘴鸦是春天大门的开启者。在冰雪融化的地方，出现了成群结队的白嘴鸦。白嘴鸦在我们国家的南方过完冬季，就急匆匆地往北方赶。它们在路途中，遭遇了无数次残酷的暴风雪。这让许多同伴不幸死在了半路上。

【开门见山】
开门见山，引起下文。

那些身体强壮的白嘴鸦最先飞回北方。现在它们终于可以好好休息了。瞧！它们在路上悠闲地踱着步子，透着骄傲的神情，正在用结实的嘴巴刨土。

笼罩在天空中的沉甸甸、黑压压的乌云消散了，蔚蓝的天空上飘浮着大片大片的白云。第一批小野兽宝宝诞生了，麋鹿和狍都长出了新犄角。在森林里，黄雀、山雀和戴菊莺

【环境描写】
环境描写，渲染了初春的活跃气氛。

唱起了歌。我们在等待着椋鸟和百灵鸟的出现。我们找到了熊窝，就在树根拱起的枞树下面。我们轮流守候，等熊一出来，就告诉大家这个消息。一股股融化了的雪水在冰下悄悄地聚集。森林里到处都是滴滴答答的滴水声，树上的雪也正在融化。深夜，严寒又把水冻成冰了。

第一个蛋

【解释说明】点出乌鸦下蛋早的特点。

在所有的鸟类里面，乌鸦是下蛋最早的。它在覆盖着厚厚的积雪的高大的枞树上筑巢。雌乌鸦就在巢里守着，因为它害怕蛋被冻坏，害怕蛋里的小乌鸦被冻死。而雄乌鸦就专门给雌乌鸦送吃的食物来。

雪地里的吃奶宝宝

当田野上还覆盖着积雪时，兔妈妈已生下了小兔宝宝。

刚出生的小兔宝宝，都还穿着暖和的小皮袄。它们一出生就会跑了。快看，它们正一蹦一跳地来到妈妈身旁，吃饱了奶就跑到灌木丛中和草丛下，安静地躺在那儿，既不吵也不闹。而兔妈妈早就离开了，不见踪影。

【行为描写】介绍兔宝宝的生活习性。

就这样，一天、两天、三天过去了。兔妈妈还在田野里蹦来蹦去，她早就忘记了小兔宝宝们的存在了。而兔宝宝们却依旧躺在那儿，也不敢乱跑。它们生怕会被老鹰或者狐狸发现，那就糟糕了。

终于，有一只兔妈妈跑过来了。不对，这不是它们的妈妈，是一位兔阿姨。小兔宝宝们跑到它跟前吱吱叫："阿姨，阿姨，喂喂我们吧！""行呀，来，吃吧，吃吧！"兔阿姨喂饱了它们，就一蹦一跳地离开了。

小兔宝宝们又乖乖地躺回了树丛里。妈妈到底在哪儿呢？原来，它们的妈妈正在其他地方给别家的兔宝宝喂奶呢！兔妈妈们早就商量好了：所有的小兔宝宝，都是大家共同的孩子，不管在哪儿遇到小兔宝宝，都要给它们喂奶；不管兔宝宝是不是自己亲生的，都要同等对待！你们可能会想：没有兔妈妈照顾的小兔宝宝，肯定生活不好。其实并不是这样的。它们穿着小皮袄，身上暖和极了。兔妈妈们的奶

【作铺垫】承上启下，为下文作铺垫。

是如此香，如此浓，小兔宝宝只要吃上一顿，就可以支撑好些天呢！

到了第八九天，小兔宝宝就开始吃草了。

【概述说明】
结尾揭示真相：兔宝宝只依赖兔妈妈们几天，以后都靠自己独立生活。

第一批花

第一批花开了。不过，你在地面找不到它们，地面还被雪覆盖着呢！在森林边上，可以听到水潺潺流动的声音，有些沟里的水溢出去了，到了边沿。看，就在这里，在这褐色的春水上面，光秃秃的榛树枝上，第一批花绽放了。

【环境描写】
点明花的诞生地。

一根根柔软的灰色“小尾巴”，从树枝上挂下来。我们把它们叫作葇荑花序，其实它们和葇荑花序并不相同。你要是把“小尾巴”摇一摇，就会看见许多花粉从上面飘落下来。

奇怪的是，就在这几根榛树枝上，还长出了其他的花朵。这些花，两朵、三朵地生长在一起，极易被错当成幼芽，只是在每个“幼芽”的上面，都伸出一对鲜红色的，像细线又像小舌头一样的带状物。原来这是雌花的柱头，它们能接收其他榛树枝上随风飘来的花粉。

【细节描写】
形象生动地突出了“幼芽”的形态特征。

风肆无忌惮地在光秃秃的树枝间游荡，没有树叶，也没有其他东西妨碍它摇晃那些小尾巴，或者吹散那些花粉。

【运用修辞手法】
运用拟人手法，交代榛树传播花粉的方式。

榛子花总会有凋谢的一天，葇荑花序的小尾巴将来也会脱落，那些幼芽般的奇妙小花上的红线终将干枯。到那时，每一朵这样的小花都会长成一颗榛子。

●发自尼·米·芭芙洛娃

春天里的小诡计

在森林里，猛兽常常喜欢攻击和善的动物，不管在哪里看见弱小的动物，它们都猛扑上去。冬天，白茫茫的雪花覆盖了整个大地，雪兔和白山鹑就很难被人发现。可是雪现在正在融化，许多地面都露出来了。老远就可以看见白兽皮和白羽毛，狼呀，狐狸呀，鹞鹰和猫头鹰，甚至像白鼬和银鼠这些小型肉食动物，它们正出现在冰雪融化后的黑土地上。

【解释说明】
冬天，动物们利用洁白的雪隐藏自己。

于是，小白兔和白山鹑玩起了小诡计：它们开始脱毛，给自己换了一套衣装。小白兔变成了小灰兔；白山鹑脱掉了许

多白羽毛，在脱毛的地方，重新长出了褐色和红褐色带黑条纹的新羽毛。在小兔子和白山鹑换装之后，你就很难发现它们了。

那些攻击型的猛兽们，也不得不换装了。银鼠在冬天里，全身上下一身白；白鼬也是一样，只剩下尾巴尖的地方是黑色的。因此，它们就可以轻易地在雪地上悄悄地爬到小动物身后去。然而现在，它们都换毛了。银鼠全身都是灰色；白鼬全身也变成了灰色，只剩下尾巴尖还是黑色的。不过这没有多大影响，因为地面上会有一些垃圾和小枯枝呀——在地面和草地上，这种黑点实在太多啦。所以皮毛上有个黑点是没有多大关系的。

【前后照应】
与开头相照应，点出凶猛动物的小诡计。

冬季的客人准备出发了

在列宁格勒州各处的行车道上，可以看见一群一群飞翔的小白鸟。它们的样子很像鸥鸟，我们叫它们雪鸥和铁爪鸥，它们都是在我们这儿过冬的客人。

【运用修辞手法】
以拟人手法介绍了行车道上的鸟。

它们的故乡在北冰洋沿岸和岛屿上的冻原带。那里，还要很久，泥土才会解冻。

发生了雪崩

森林里发生了恐怖的雪崩。

松鼠还在暖和的巢里睡大觉。它的家就搭在一棵高大的枞树上。

冷不丁地，会有一团沉甸甸的雪从树梢上掉下来，碰巧就砸中巢顶。松鼠立马慌忙地逃了出来，但它那些可怜的松鼠宝宝才刚出生，还留在巢里面，是那么的无助。

松鼠赶紧扒开雪——太幸运了，雪只压住了巢盖，里面那由松软暖和的苔藓搭成的圆巢，还是好好的。巢里的小松鼠宝宝，还睡得香香的。它们是那样小，眼睛还紧闭着，耳朵也没有听到任何动静，浑身光秃秃的，和老鼠一般大。

【外貌描写】
突出小松鼠的小，以及睡得安稳。

雪一滴一滴不停地在融化着。那些住在森林地下的动物们，每天的日子不好过啊。鼹鼠、鼩鼱、野鼠、田鼠，还有狐狸及其他住在地洞里的各种野兽，都无法忍受潮湿了。等到

所有的雪都融化了,它们可如何生活下去啊?

神奇的茸毛

沼泽地里的雪融化了,小草丘间到处都是水。在小草丘下面,一些银白色的小穗在光秃秃的绿茎上一摇一摆的。这会不会是去年秋天的种子,还没来得及飞掉呢?难道它们被压在雪底下度过了一个冬天?这实在让人无法相信,因为它们太干净、太新鲜了!

【提出疑问】
提出疑问,引出下文。

你只要把小穗采下来,把茸毛拨开看看,就解开了谜团。原来这是一种花!金黄色的雄蕊和细线般的柱头,露在丝一般润滑的白茸毛外面。羊胡子草就是这样开花的。因为夜里温度低,所以它的茸毛是给花保温的。

●发自尼·米·芭芙洛娃

在四季常青的树林里

不只是在热带或者地中海沿岸可以看到四季常青的植物,在北方的森林里也可以看到四季常绿的小灌木。要是在新年的第一个月,你到常绿树林里散步,你的心情就会特别愉悦,因为这里看不见褐色的烂叶子,也看不见让人厌烦的枯草。

毛蓬蓬的小松树,从远处看,绿中带灰,非常奇特。在这些小树中间待一会儿,就使人心旷神怡。这儿的一切都是那样生机勃勃:绿色的苔藓软软的;越橘的叶子亮晶晶的;优雅纤细的石楠,枝条上长满了小小的嫩叶,像一片片绿色的小瓦片似的,树枝上还残留着去年开的淡紫色小花。

【运用修辞手法】
运用排比、比喻手法,写出了森林的生机勃勃。

在沼泽地的边缘,还可以看到一种常绿灌木——蜂斗叶。它的叶子是暗绿色的,叶沿边向上卷起,叶子下部好像涂了一层白漆似的,因此又叫作“叶下白”。

【解释说明】
解释“叶下白”的名字的由来。

但是,现在要是谁站在这株小灌木前,那么他一定不会盯着叶子看,因为他会发现一种更有趣的东西——花。漂亮的、粉红色的钟形花,和越橘花像极了。在这样的早春,在森林里能找到花,真是让人惊喜啊!如果你采了一束,把它带回家,谁会相信这是从野外摘来的呢?别人一定会说是从温

【侧面描写】
从侧面突出早春花稀少的特点。

室里采摘来的。因为很少有人会在这样的早春，去常绿树林里散步的。

●发自尼·米·芭芙洛娃

鹞鹰和白嘴鸦

“哔——哔！呱——呱——呱！”有鸟从我头上飞过。我一抬头，啊！有五只白嘴鸦正在追一只鹞鹰。鹞鹰左右躲闪，可最后还是被白嘴鸦追上了，头顶不幸被啄了一口，痛得哇哇尖叫。不过它最终逃脱了。

我站在高高的大山顶上，竭力眺望，看到一只鹞鹰停在树上歇息。这时，不知从哪儿冒出来一群白嘴鸦，尖叫着朝它扑去。鹞鹰的处境一下子危险极了。它瞬间发疯似的大叫一声，狠狠地扑向一只白嘴鸦。那只白嘴鸦被它的反应吓了一跳，慌忙躲开。鹞鹰趁机灵敏地冲向高空，远远地飞走了。白嘴鸦眼睁睁地看着猎物丢失，也只好解散，各自到田野去了。

【动作描写】“大叫”“扑”，连用表示动作的词，写出了鹞鹰的勇敢。

●发自森林记者康·梅什列耶夫

来自森林的第二封电报

椋鸟和百灵鸟哼着歌，从远处飞过来了。我们在熊窝旁焦急地等待着熊的出现，却没有一点动静。我们想，熊难道在里面冻死了？还没回过神来，雪突然颤动起来。不过，从雪底下爬出来的并不是熊，而是一只陌生的怪兽。它的头是灰白色的，上面长着两条黑斜纹；个头和小猪差不多大。它全身毛茸茸的，肚皮黑黑的。

【运用修辞手法】“未见其人，先闻其声”，采用拟人手法，写出了鸟儿的状态。

【外貌描写】描写怪兽的外形特征，激发读者阅读的兴趣。

这让我们想到，原来这并不是熊窝，而是獾洞，从洞里钻出来的是獾。从现在起，獾不再睡懒觉了。每天晚上，它都会到森林里去找蜗牛呀，幼虫呀，甲虫呀，并咬植物的根，抓野鼠。然后我们在森林里到处寻找，最后终于找到一个真正的熊窝，熊还在冬眠。水升到冰面上了，雪崩塌了，松鸡在求偶，啄木鸟在啄树。会啄冰的小鸟——白鹡鸰飞来了。道路变得泥泞不堪，集体农庄的庄员们商量不再乘雪橇了，而是驾起了马车。

城市新闻

房顶上的音乐会

【运用修辞手法】
采用拟人手法，交代猫的生活习性。

每天晚上，房顶上就会举行音乐会，这都是猫儿们演奏的。它们很喜欢举行音乐会。然而，每次音乐会都以歌手们互相打斗而结束。

顶楼上的窝

【解释说明】
用幽默的语言交代鸟的生活习性。

最近几天，一位《森林报》的记者走访了市中心的许多住宅，是为了调查顶楼上的动物们的生活状况。那些鸟儿们栖息在顶楼上的某个角落里，对自己的居住条件很满意。谁要是觉得冷，就紧挨着壁炉的烟囱，享用免费的暖气。母鸽子已经开始孵蛋了，麻雀和慈乌到处搜集搭窝用的小稻草棍和做软垫子用的羽毛、绒毛。

鸟儿们非常讨厌猫儿和一些淘气的男孩，因为他们总是喜欢弄坏鸟儿们辛苦做的窝。

麻雀逃命

在椋鸟房旁，尖叫声和打架声响成一片。绒毛、羽毛和稻草到处乱飞。

原来，房间的主人——椋鸟回来了。它们看到麻雀占据了自己的房间，就生气地把它们往外赶，就连麻雀的羽毛褥子也扔到了外面——它们不想看到任何关于麻雀的东西。

【动作描写】
"大吼""扑"，表现了麻雀的愤怒、惊恐。

有个水泥匠正站在脚手架上干着活，他在抹房顶的裂缝。麻雀在屋檐上一蹦一跳的，这时，它看了看屋檐，突然大吼一声，向水泥匠的脸扑了过去。水泥匠挥舞着抹泥灰的小铲子撵它们。他没想到，他把裂缝里的麻雀巢给封上了，那里面还有麻雀刚下的蛋呢！顿时，尖叫声、打架声响成一片，绒毛和羽毛到处乱飞。

●发自森林记者尼·斯拉得克夫

还没睡醒的苍蝇

在街上，有一群蓝里透绿、金光闪闪的大苍蝇在乱晃。和秋天时一样，它们一个个都还是没有睡醒的样子。它们还不能飞，只能一摇一晃地沿着墙壁慢慢地来回爬着。

【动作描写】“一摇一晃”“慢慢”，形象地写出了苍蝇睡眼蒙眬的状态。

这群苍蝇白天在外面晒太阳；到晚上的时候，它们才爬回到墙壁和篱笆的空隙和裂缝里。在列宁格勒的街上，出现了一群流浪汉——蜘蛛虎。苍蝇一定要小心这群流浪汉！俗话说，狼是靠腿来寻找食物的。蜘蛛虎也是这样的。它们不像蜘蛛那样巧妙地织那么复杂的网，它们只要用力一跳，直接攻击苍蝇或者其他昆虫，一下子就吃掉了它们。

石蚕

从河面冰块的裂缝中爬出一些傻头傻脑的灰色小虫子来。它们慢慢地爬上了岸，从厚厚的皮外套中解脱出来，变成了身材又细又直、长着翅膀的小飞虫。它们既不是苍蝇，也不是蝴蝶，它们的名字叫石蚕。它们的翅膀虽然很长很轻，但是它们还不会飞，因为它们还很柔弱，需要阳光的呵护。

【行为描写】写出石蚕的蜕变过程。

它们爬着过马路。过路的行人踩踏它们，马蹄践踏它们，车轮子压着它们，麻雀也啄它们。可是它们还是努力地向前爬，它们有几千、几万、几十万只呢！只要一爬过马路，它们就可以到房子的墙壁上去沐浴阳光了。

【抒发感情】转折句，赞美石蚕坚持不懈的精神。

观测站

从著名的自然科学家凯戈诺德夫教授第一个开始在列斯诺伊进行物候学(亦称“生物气候学”，指研究大自然季节变化的科学)观察以来，这种观察已进行了八十个年头了。

现在，全苏地理协会下设有一个以“凯戈诺德夫”为名的专门委员会，负责物候学观察者的工作。全国各地的物候学爱好者，都把报道寄往委员会。这些报道记录着多年观察到的鸟类的迁徙历史、植物花开花谢的规律、昆虫出现和灭绝的现象，根据这些记录，可以编制一部“普通自然日历”。这部“日历”可以帮助我们预报和确定各种农作物的生长期限。

【解释说明】点明“日历”的作用和意义。

现在，在列斯诺伊已经设立了全国中央物候学观测站。像这种有五十年以上历史的观测站，在全世界只有三个。

列宁格勒州集体农庄儿童第一次代表大会决议

我们将同野鼠、家鼠、象鼻虫、草地螟等危害农作物的害虫作斗争。我们将组织一千二百个小分队，与农田、果园、菜地、菜窖和谷仓里的害虫作斗争。我们将搭建三万个人造椋鸟窝，利用它们来消灭农田和菜地里的害虫。

列宁格勒州少年自然科学家代表大会决议

【环境描写】
描述万物欣欣向荣、国家繁荣强大的大好形势。

【叙述】
强调自然科学工作的重要性。

亲爱的友人们！我们农田里的麦子正在抽穗时期，花园里百花绽放，社会主义经济也越来越强大和稳固。我们的少年自然科学家、农业实习生和大人们一起参与劳动。在会上，少年自然科学家和农业实习生代表大会的参加者，探讨了少年自然科学工作的经验。

此刻，我们向全州少先队员和学生朋友发出倡议：努力增强自然科学工作。在学校附属地块开辟花坛，培育果木、浆果灌木！请你们每个人最少种植两棵果树，或者两棵浆果灌木。不管是在农作物育种的试验方面，珍贵新植物的栽培方面，还是在先进农业技术的试验和应用方面，请你们都提供宝贵的意见。在暑假里，我们将组织全体人员参加学校植物、动物和非生物的直观教具的制作。我们将会在集体农庄的农田和菜地劳动，在畜牧场劳动，在养蜂场打下手。为了使我们有意义的工作能够进行得更加顺利，我们将时常向老师、农艺师、动物饲养家、蔬菜培育师和养蜂专家们咨询和请教，以便学习集体农庄农业先进工作者们的知识，同时还要向米丘林工作者们学习创收的新方法。

【叙述】
突出“我们”探索自然的决心。

请快点搭窝

如果你想让椋鸟在花园里定居，那么你就必须赶紧给椋鸟搭一个窝！这个窝要干净整洁，门要开得足够小，能让椋鸟钻得进来，猫却钻不进去。假如想要猫用爪子都够不到椋鸟的话，你只要在门里面钉一块三角板就行了。

蚊子的舞蹈

在阳光明媚的日子里，小蚊子已经迫不及待地开始在空中跳舞了。请不要害怕，这些是不咬人的蚊子，它们是蚊群。

小蚊子们聚成一团，像根圆柱子一样，在空中盘旋着、晃动着。在蚊子密集的天空中布满了小黑点，好像人脸上的雀斑一样，引人注目。

【运用修辞手法】
“迫不及待”一词，以拟人手法表明蚊子的活跃。

【侧面描写】
从侧面突出蚊子数量繁多。

第一批小蝴蝶

蝴蝶出现了，它们想出来透透气，沐浴在太阳光下，将自己的翅膀晒一晒。第一批出来的，是在顶楼上过冬的黑里透红的荨麻蛱蝶和一些淡黄色的柠檬蝶。

在公园里

在公园和花园里，雄燕雀唱着嘹亮的歌曲，它们有着雪青色的胸脯、淡蓝色的小脑袋。它们聚集在一起，是为了等待那些姗姗来迟的雌燕雀！

全新的森林

全苏植树造林会议召开了，林务委员、造林专家以及农艺师们都聚集在一起了。列宁格勒州也派代表参加了这次会议。

为了在我国的草原地区建造一片森林，科学家们已经进行了一百多年的考察和实践工作，终于选定了三百多种乔木和灌木，它们最适合在草原种植。比如，对于顿尼茨草原来说，最适合种植那些可以与锦鸡儿、忍冬和其他灌木混种在一起的橡树。

【叙述】
“终于”一词，突出考察过程的艰辛与不易。

在我们的工厂里，研制出一种新机器，可以利用这种机器在短时间内大面积地植树。

我们现在已经造出了好几十万公顷的森林了。在最近几年，我国还要再造几百万公顷的新森林，它们将提高我国农作物的收成。

●塔斯社列宁格勒讯

春天的花

在公园、花园和庭园里，开出了叫作款冬的黄色小花。

在大街上，有人在叫卖一束束林中春花。这些花儿的颜色与香气和紫罗兰是不一样的，但卖花人还是把它们叫作“雪下紫罗兰”。其实，这种花的真正的名字叫作蓝花积雪草。

【解释说明】说明春天树木苏醒的状态。

树木也醒过来了，白桦树汁开始在树干里流动。

什么漂进了小溪

在列斯诺伊公园的峡谷里，春水在潺潺地流淌着。森林记者在一条小溪上，用石头和泥土搭建了一道水坝，守候在那里，他们想看看，什么东西会漂进小溪里。

【动作描写】“滚”字，将田鼠随水漂流的状态表现得形象、逼真。

他们等了好长时间，没看到任何生物，只有一些小树叶和小树枝在小溪里打转。后来，一只死老鼠从溪底摇摇晃晃地滚了过来。当然，它不是一般的老鼠，也不是灰色的、长尾巴的家鼠，而是一只棕黄色的、短尾巴的田鼠。

【动作描写】形象地描写了黑甲虫求生的状态。

它可能死了一整冬了，一直躺在雪底下。现在雪融化成水了，才把它冲到小溪里来了。过了一会儿，他们看见一只黑甲虫漂进了小溪里。它手忙脚乱地挣扎着，打着转，怎么也不能爬上岸，十分着急。大家都认为，这可能是一只水栖甲虫，等到捞起来一看，却发现是一只陆上的令人厌恶的屎壳郎。它到底是怎么掉进水里的呢？显然，它不是自愿投水的。

接着，他们看见有个小动物蹬着长长的后腿，它是自己游到小溪里来的。原来是青蛙呀！周围还是一片没融化的雪，但是青蛙不在意那些。它从小溪里爬上了岸，一蹦一跳地钻进灌木丛里消失了。

【外貌描写】似家鼠而非家鼠，水鼠的外貌特征让人好奇。

最后，又游过来一只小兽。它的样子很像家鼠，有着褐色的皮肤，就是尾巴短一些，原来这是一只水鼠。春天快来了，它已经吃完了过冬的食物，想要出来寻找食物了。

奇特的款冬

小丘上早已长满了款冬的一丛丛的细茎。它的每一丛茎，都是一个小家庭。那些年纪大一些的茎，比较苗条匀称，

高高挺直；挨
在高茎身旁的是些
肥胖的、参差不齐的茎，它们的年纪
还小呢。

还有一种样子很可笑的茎，它们总是弯着腰站在那儿，不敢抬头，好像是因为害羞，不敢看陌生人似的。

【运用修辞手法】
采用拟人手法，突出这种茎的特点。

每一个小家庭都由地下根茎生长而来。这些地下根茎从去年秋天起，就开始储存养料了。现在，养料逐渐被消耗完了，但还是能满足整个开花期的需要。过些天，这些小脑袋就会变成一朵朵的黄花，确切地说，那是花序——一大束紧挨在一起的小花。

当花开始凋谢的时候，叶子就会从根茎里长出来。这些叶子承担了帮助根茎储存新养料的任务。

●发自尼·米·芭芙洛娃

从空中传来的喇叭声

【引出下文】
用先声夺人的喇叭声，引出对野天鹅的描写。

列宁格勒市民感到无比吃惊，从空中竟然传来了喇叭声。黎明时分，街上还没有行人，整座城市还在沉睡中，就在这时，那喇叭声清晰地传来了。

那些视力好的人，要是仔细看的话，就会看见一队脖子细长的大白鸟，在白云下面飞翔。这一群野天鹅在列队飞行时喜欢叫喊。每年春天，它们都会从我们城市上空飞过，用它们那喇叭似的大嗓门响亮喊着："克噜噜！克噜噜！"不过，如果在城市喧嚣的街道上，在嘈杂的人群中，它们的叫喊声就很难被听到了。现在，天鹅正急匆匆地向科拉半岛阿尔汉格尔斯克附近飞去，或者向北德维纳河沿岸飞去搭窝。

【行为描写】
"急匆匆"一词，将天鹅的飞翔状态充分表现出来了。

节日的门票

我们在等待我们那些鸟类朋友们。大队委员会给每个少先队员分配了一项任务：每个人给椋鸟搭个巢。于是，我们大家都在忙着完成这个任务。我们学校没有木工作坊，要是谁不会搭椋鸟巢的话，可以到那里去培训。

我们将许多鸟巢挂在学校里，这样可以让小鸟在我们学校里安家，帮助我们保护苹果树、梨树和樱桃树，让它们消灭青虫和甲虫等害虫。过些天，学校里就会举行飞禽节（在苏联的学校，每年都会举行一次飞禽节，在那天，每个学生都带着鸟去放生，并为保护益鸟做一些力所能及的事）的时候，每个少先队员都要把椋鸟窝带到庆祝集会上来。大家商量好，椋鸟窝就是这个飞禽节的通行证。

【解释说明】
点明椋鸟对人类的益处。

●发自森林记者伏洛加·诺维　任尼亚·科良金

来自森林的第三封电报（加急）

我们在熊窝附近守候着。突然，积雪被什么东西拱了起来，接着一只又大又黑的野兽的脑袋露了出来。原来，是一只母熊钻出了熊窝，后面紧跟着两只小熊。我们看到母熊张开嘴巴，悠闲地打了个大哈欠，向森林深处走去。活泼可爱的小熊跟在妈妈的后面。

【动作描写】
表现母熊结束冬眠时的慵懒状态。

母熊身体消瘦，毛发蓬松。现在它在森林里来回转悠。冬眠了这么长的时间，它已经变得无比饥饿，甚至把树根、去年的枯草，还有浆果，一股脑都塞进嘴里，小兔也逃不出它的嘴。

【动作描写】
“一股脑”“塞”，写出了母熊无比饥饿的状态。

集体农庄纪事

逃亡者被抓住了

雪水没有得到任何人的允许，就偷偷地想从田里逃到浅沟里。还好，集体农庄庄员及时阻止了逃犯，他们在斜坡上用厚厚的积雪筑了一道堤。雪水被截在了田里，渐渐渗入到泥土里。田里的绿色植物已经察觉到，雪水正在向它们的根部流淌，它们内心都感到无比喜悦。

新出生的一百个宝宝

昨天夜里，养猪场里的值班员在突击队员集体农场里总共接生了一百只小猪宝宝。这些猪宝宝一个个胖乎乎的，摇晃着脑袋，哼哼直叫。九位年轻的猪妈妈，在焦急地等待饲养员把这些长着翘鼻子、短尾巴的小宝宝送过来吃奶。

【外貌、动作描写】
表现出这群猪宝宝可爱的样子。

换暖和的新房子

人们把马铃薯从寒冷的地窖里搬到了暖和的新房子。看来，马铃薯对这个新家十分满意，因为它们就要发芽了。

绿色新闻

商店里在出售一种新鲜的黄瓜。你知道吗？这些黄瓜并不是由蜜蜂来授粉的，它们生长的地方，也没有太阳烘烤。

【解释说明】
介绍这种黄瓜的特别之处。

然而，这些黄瓜的确是真正的黄瓜，它们的身上长满了小刺，又肥又壮，汁多味甜。它们散发出的味道，是黄瓜的清香，只不过它们是在温室里长大的。

帮助饥饿的朋友

雪，已经融化了。我们可以发现，整个田野上被一层细

小的青草覆盖了。然而大地还冰冻着，小草没有任何东西可以吃，只能挨饿。

在集体农庄的庄员眼里，这些小草是非常珍贵的！因为这些又瘦又弱的小草就是秋播的小麦。所以，集体农庄的庄员为小麦准备了草木灰、禽粪、粪汁和营养盐等营养丰富的食物。他们还通过飞机食堂给挨饿的朋友们撒下珍贵的食物。飞机食堂从田野上空飞过，一一撒下食物，让每一棵小苗都饱饱地吃上一顿。

【解释说明】说明庄员们十分爱护这些小麦。

狩猎

春天，准许狩猎的期限很短。如果春天来得早，那么打猎可以早点进行；如果春天迟迟不来，打猎也不得不推迟了。在春天里打猎的对象主要是树林里和水面上的鸟类，而且只准打雄的飞禽，比如公鸡和公鸭，并且不允许带猎狗。

【解释说明】介绍了春天打猎的一些规矩。

猎人的行程

在大白天，猎人离开城，在傍晚时就已经到达了森林。

黄昏，天灰蒙蒙的，没有风，天下着毛毛细雨，气温不低，这正是鸟类求偶飞行的好时机。

猎人选好了一块林中空地，站在一棵枞树旁。周围的树木都不高，都是一些赤杨、白桦和枞树。还有十五分钟，太阳就要落山了。还有时间可以抽一根烟，过一会儿可就没时间抽了。猎人仔细地倾听着森林里各种鸟儿的鸣叫声。在枞树尖上的应该是鸫鸟在啼啭鸣叫，密林里应该是红胸脯的欧鸲在唧唧地叫。

太阳落山了。

【过渡】过渡自然。

鸟儿们一只接一只地停止了歌唱。最后，连爱唱歌的鸫鸟和欧鸲也沉默了。现在得注意了，竖起耳朵仔细听！突然，安静的森林上空传来一阵轻轻的叫声：“切勒克，切勒克，嗯尔——尔——尔！”猎人顿时一惊，把猎枪放到了肩膀上，一动也不动。从哪儿传来的声音呢？“切勒克，切勒克，嗯尔——尔——尔！”“切勒克，切勒克！”是一对丘鹬！在森林上空，两只长嘴丘鹬扑打着翅膀，急速地飞过。

它们一只跟在一只后面飞，并不是在打架。看样子，飞在前面的是雌的，跟在后面的是雄的。“啪！”，后面那只丘鹬，像车轮一样在空中打着转，掉进了灌木丛里。

【运用比喻】
比喻贴切而生动，写出了丘鹬坠落的姿态。

猎人像箭一样朝它冲了去。他想，如果赶不上受伤的小鸟，而让它躲到灌木丛里，那就难找了。看，丘鹬羽毛的颜色和枯萎的落叶实在太相似了。是它！它正挂在灌木丛上呢！这时，从远处又传来了另一只丘鹬的叫声。太远了，霰弹打不到。

猎人又靠到一棵枞树后面。他绷紧全身，全神贯注地倾听。森林里安静极了。这时又传来了叫声：“切勒克，切勒克，嘞尔——尔——尔！”是在那儿，在那儿，实在太远了……

【神态描写】
“绷紧”一词用得极好，突出了猎人紧张的心理状态。

用什么东西把它引过来吧！应该可以引过来。于是，猎人摘下帽子，向空中抛去。丘鹬正在黄昏的薄暮中到处张望，寻找自己的伴侣——雌丘鹬。它忽然看到一件黑黑的东西从地面一跃而起，又落了下去。会不会是雌丘鹬呢？它转了个圈，直接往猎人的方向飞过来了。“砰！”——顿时它一个跟头摔了下来，狠狠地撞到地上，立刻失去了性命。

【动作描写】
“摔”“撞”等动词的运用，刻画了丘鹬被击中后坠落时的情形。

天色越来越黑了。不时从四周传来丘鹬的叫声，一下在这边，一下又在那边，这让猎人不知该往哪个方向转身。猎人的双手激动得发抖。

“砰！砰！……”一次又一次的开枪失误了。猎人心想还是别开枪了，放过一两只丘鹬吧！现在应该镇定一下。还好，手现在不抖了，可以开枪了。在幽暗的森林深处，一只猫头鹰扯着嗓子怪叫一声。一只睡眼蒙胧的鸫鸟吓得惊慌地大叫了起来。天渐渐地黑了，枪很快不能使用了。这时又传来了叫声：“切勒克！切勒克！”另一边也响起了：“切勒克，切勒克！”原来在猎人的头顶上方，有两只丘鹬正好飞过，猎人立刻打了起来。“砰！砰！”这次的枪更加厉害，两只丘鹬都被击中了，掉了下来。一只蜷缩成一团；另一只晕头转向，恰好掉到了猎人脚旁。猎人心想现在该回家了，不然都看不到道路了。他现在必须赶到鸟儿求偶鸣叫的地方。

【动作描写】
描写了两只丘鹬死时的状态。

这时已是晚上了，猎人就坐在森林里吃东西，口渴了，就喝水壶里的水。在这时，是不能生火的，因为火光会吓跑鸟

儿。不需要多长时间，天就要亮了。松鸡在天亮之前，就开始求偶了。一只猫头鹰瓮声瓮气的叫声，打破了黑夜里的寂静。真是讨厌！你这样不是就吓跑了求偶的松鸡吗？东方渐渐露出了鱼肚白。在某个角落，一只松鸡用低得刚好能听到的声音"特克，特克"地哼起了歌曲。猎人闻声一跃而起，仔细倾听。接着又一只松鸡叫了起来。没错，它就在附近，离猎人大约只有一百五十来步的距离。第三只……

【渲染气氛】转折句，为故事发展渲染气氛。

猎人缓慢地移动着步子，手里拿着枪，扳起扳机，双眼一直注视着高大的、黑黝黝的枞树，悄悄地靠近。松鸡的歌声停下来了，有一只松鸡婉转地啼鸣了起来。猎人立马跳离最初站着的位置，向前蹦了三大步，接着就一动也不动了。这时啼鸣声又停止了。森林里一片寂静。松鸡也变得警惕了，它仔细倾听。这家伙可精灵着呢！只要树枝轻轻地摇晃，它就会展开翅膀冲出去，瞬间消失不见。它现在没有听到什么动静，于是又"特克，特克！特克，特克"地哼起了歌曲，这声音好像两根响木相互轻轻击打一样。猎人站在那里不动。接着松鸡又啼鸣起来。猎人闻声向前一蹿。松鸡嘎吱一声，啼啭声瞬间就停止了。猎人的一只脚还没着地，他不敢再动了。松鸡沉默不语，它仔细倾听。然后，它又开始唱起了"特克，特克！特克，特克……"的歌曲。这样重复了好多遍。猎人离松鸡已经越来越近了，松鸡就停留在这几棵枞树的半腰上。它还在痴痴地唱着，糊里糊涂的，就算你现在大声喊，它都听不到！不过，它具体躲在哪个角落呢？在这黑漆漆的针叶林里，伸手不见五指。哈哈！在这里！在一根枝叶十分茂密的枞树枝上，离猎人不过三十来步的距离，实在太近了。看！细长的黑脖子，耷拉着山羊胡子的鸟脑袋……歌声停了，现在绝不能有什么动静……"特克，特克！特克，特克！"接着，又响起了歌声。猎人举起枪，向黑色的侧影瞄准，这是一只长着山羊胡子的大鸟，它的尾巴像大扇子似的铺展着。一定要找要害处攻击。如果霰弹打着了松鸡紧绷的翅膀，它会滑下来，并不能伤及这只结实的大鸟。要是能击中它的脖子是最好的。砰！烟雾遮住了双眼，看不清周围，只能听到松鸡的身体狠狠地落了

【动作描写】"移动""拿""扳""注视"，将猎人的紧张状态表现得淋漓尽致。

【运用修辞手法】比喻贴切形象。

【运用修辞手法】以拟人手法表现松鸡谨慎的特点。

【用词恰当】"狠狠"一词用得好，形象地突出了松鸡的肥壮。

下来，一根根树枝被压断。“砰”的一声，它掉在了雪地上。真是好大一只雄松鸡！又肥又壮，全身乌黑，最少有五公斤！它的眉毛红通通的，像是用鲜血染成的……

【名师点拨】

透过《森林报》记者的报道，生动形象地描述了春天来临时，动植物的状况。语言轻快，层次分明。

【回味思考】

1.在所有鸟类中，哪种鸟下蛋最早？

2.石蚕是如何蜕变的？

3.春天打猎的对象主要是什么？

候鸟返乡月（春二月）

森林中的大事

昆虫的柳树节

柳树开花了。它那灰绿色的枝条枝节粗大，隐藏在轻盈的鲜黄色小球的下面，根本看不到。柳树浑身毛茸茸的，满身枝条随风飘动，让人看得喜悦极了。

【景物描写】写出柳树的特征。

柳树开花的那天，对于昆虫们来说，可是节日哦！瞧！在那美丽的树丛附近，昆虫们正快乐地嗡嗡直叫呢，就像过柳树节一样。笨笨的苍蝇糊里糊涂地乱飞；勤劳的蜜蜂一根根弹拨着纤细的花蕊，采集花粉；蝴蝶在空中飞舞。快看！一只黄色的蝴蝶有着雕花般的翅膀，它的名字叫作柠檬蝶；那边有着大大的双眼的棕红色蝴蝶，它的名字叫作荨麻蛱蝶。看，在一个毛茸茸的小黄球上面，停留了一只长吻蛱蝶，它展开黑色的翅膀，遮住小黄球，把长嘴巴插到雄蕊的深处去汲取花蜜。

【运用修辞手法】用拟人的手法，将动物的活动状态写得形象生动。

在这些柳树的旁边，还生长着一棵柳树，它也开了花。不过，这棵柳树开的花模样可难看了——它们是一些长得乱蓬蓬的灰绿色小球果。也有一些昆虫在它的上面栖息。不过这棵树就没有它附近的柳树热闹了。然而，正是在这棵树上，结出了柳树的种子。这是因为昆虫已经把黏糊糊的花粉，从小黄球上带到灰绿色小球果上来了。于是，在这个小瓶子似的雌蕊里，不久就会结出种子。

【运用修辞手法】“热闹”一词，将这棵柳树与附近的柳树形成强烈对比。

【运用修辞手法】比喻生动形象，让种子的形状特征更鲜明。

●发自尼·米·芭芙洛娃

葇荑花序

在大河和小溪的旁边，在森林的边角上，葇荑花序开放了。它们不是开在那些刚刚解冻的土地上，而是开在被春天的阳光晒得暖暖的枝头上。

【过渡】过渡自然。

现在，在白杨树和榛子树上，长出了许多长长的、浅咖啡色的小穗子，它们装饰着树木。这些小穗就是葇荑花序。

【运用修辞手法】比喻句，将花粉的形态形象地展现在读者面前。

它们去年就已经长出来了。不过，在冬天的时候，它们一直保持着静止的、停滞不长的状态。现在，它们舒展开来，变得蓬松，也具有弹性。你要是碰一下树枝，那么一股烟尘般的黄色花粉就会飘下来。然而，在白杨树和榛子树的枝头上，并不是只有会喷花粉的葇荑花序，还有一种雌花。白杨树的雌花，是褐色的小球果；榛子树的雌花，是粗壮的苞蕾。从苞蕾里伸出一些粉红色的卷须，看上去就和躲在苞蕾里的昆虫所长的胡须是一个模样，事实上，这是雌花的柱头。每一朵雌花柱头的数量是各不相同的：有两个、三个的，也有五个的。

【景物描写】表现出葇荑花序舞动的模样。

现在，白杨树和榛子树还没长出嫩叶，风自由自在地在树枝间吹拂，吹得葇荑花序东摇西摆；接着又卷起花粉，从一棵树吹到另一棵树上。粉红色卷须般的柱头接收了花粉，于是，这些奇形怪状的短胡子似的小花受精了。到了秋天，它们就会长成一颗颗榛子。白杨树的雌花也受精了，到了秋天，它们将长成一颗颗带有种子的小黑球果。

●发自尼·米·芭芙洛娃

晒太阳的蝮蛇

每天清晨，带有毒性的蝮蛇都会爬到干树桩上去晒太阳。它爬得非常吃力，因为寒冷，它身体里的血都是冰冷的。蝮蛇在太阳底下把身体晒得暖暖的，心情也愉快了起来，接着就去捕捉老鼠和青蛙了。

蚂蚁窝颤动起来

我们在一棵枞树下，找到了一个大蚂蚁窝。刚开始我们

没有看见一只蚂蚁，所以我们都以为这只是一堆垃圾和旧针叶罢了，丝毫没想到是一座蚂蚁宫殿。这个时候，“垃圾堆”上的雪已经融化了，蚂蚁都爬出来沐浴阳光了。它们睡了这么久，都已经变得毫无力气了。它们就一股脑地躺在蚂蚁窝上，黑漆漆地粘成一团。我们用小木棒轻轻地把它们弄开来，它们只是稍微动了一下，就连用刺鼻的蚁酸来反击我们的力气都没有。它们需要再休息几天，才有力气进行劳动。

【叙述】
“垃圾堆”指代蚂蚁窝，点明蚂蚁居住的环境。

【侧面描写】
突出蚂蚁数量繁多。

还有谁醒过来了

蝙蝠呀，扁扁的步行虫呀，圆圆的屎壳郎呀，以及叩头虫等各种甲虫都已经醒过来了。叩头虫正在表演它那让人猜不透的把戏：把它仰面朝天地放着，它把头往地面一碰，就蹦到了空中，在空中翻个跟头，垂直地落到了地上。

【动作描写】
将叩头虫的名字由来用一系列动作表现出来了，实在妙！

蒲公英花绽放了；白桦树的叶子透过绿色的薄雾，马上

就要出来了。第一场春雨之后，粉红色的蚯蚓从泥土里钻了出来，新鲜的羊肚菌和鹿花菌等蘑菇也冒出了头。

在池塘里

池塘也充满了生机。青蛙离开了睡了一个冬季的温床，产下卵后，就从水里跳上了岸。而北螈正好相反，现在它刚从岸上回到水里。在我们这个地方，大家把北螈叫做“哈里同”。它全身是橙黑色的，长着一条大尾巴，和青蛙有点相似，不过它更像蜥蜴。在寒冷的冬天，它去森林里过冬，躲在潮湿的苔藓下面睡大觉。癞蛤蟆也醒了，也产下了卵。不过，青蛙的卵，像一团团冻胶一样，漂浮在水面上，冒着小气泡，每一个小气泡里，都有一个黑色的小圆点。癞蛤蟆的卵却像一条细带子一样串在一起，挂在水底草丛上面。

【运用修辞手法】用比喻手法写出了青蛙卵的形态、生长状态。

森林的清洁工

在寒冷的冬天，一些飞禽走兽对于突如其来的严寒不知所措，都冻僵了，埋在了雪下面。等到春天到了，它们又纷纷露出来了。不过它们不会在那里待很长时间的，因为熊、狼、乌鸦、喜鹊、埋粪虫、蚂蚁，还有其他森林公共清洁工，会来收拾它们的。

【承上启下】承上启下。

它们是不是春花

现在，你可以看到许多开花的植物了，比如：三色堇、荠菜、遏蓝菜、蓼和欧洲野菊。你可千万别认为，这些草都跟春天开的雪莲一样，是从地下钻出来的哦！在我们这个地方，雪莲最先露出一点绿色的梗，然后用尽它剩下的力气，伸一下腰，于是，小花朵就出现了。三色堇、荠菜、遏蓝菜、蓼和欧洲野菊从不会躲起来过冬。它们非常勇敢，用绽放的花朵来迎接寒冷的冬天。等到头上的白雪天花板被蔚蓝的天空重新代替时，它们就醒过来了，花朵和蓓蕾也重新充满了生机。我们看到的那些草茎上的蓓蕾，现在都开成了花，在草丛里注视着我们。在你看来，它们是不是春花呢？

【运用拟人】形象地突出小花朵出现的过程。

【运用修辞手法】拟人手法，将这些植物的顽强的生命力表现出来了。

●发自尼·米·芭芙洛娃

白色的慈乌

在小雅尔契克村的中学旁，生活着一只白色的慈乌，它和普通的慈乌一起飞翔。就连老人们都未曾见过这种全身雪白的慈乌。我和我的同学都无法理解世界上存在白色慈乌的原因。

●发自中学生森林记者波利亚·希尼茨娜　盖拉·马斯夫

罕见的小兽

在森林里，一只啄木鸟大声地叫起来了。它的叫声是多么响亮啊，我顿时明白了：啄木鸟遇到危险了！于是，我穿过丛林，来到了林中的一块空地，在一棵枯树上，我看到了一个形状规则的窟窿，那就是啄木鸟的老窝。一只罕见的小兽，正沿着树干朝鸟巢走近。我不知道这只小兽的名字！它全身都是灰色的，尾巴短短的、光溜溜的；一对耳朵圆圆的，和小熊的耳朵十分相似；一双眼又大又凸。

【开门见山】开门见山，引起下文。

小兽爬到了洞口，往洞里看了又看，看得出，它是想吃鸟蛋了。这时，啄木鸟开始焦虑了，飞快地朝它扑了上去！小兽左右闪躲，沿着树干盘旋而上，啄木鸟穷追不舍。小兽慢慢地越爬越高，到树顶了，它再也不能爬了！

【动作描写】“左右闪躲”“穷追不舍”两个词，写出了两只动物的搏斗过程。

啄木鸟趁机猛地啄它一口！小兽瞬间从树上纵身一跳，在空中飞了起来，逃走了。它展开四只小爪子，像一片秋天的树叶似的在空中飞舞，身子还摇摇晃晃地左右摆动，小尾巴来回转动着调节方向。它飞过了那片空地，停留在一根树枝上。这时我才突然想起，原来它是一只名叫鼯鼠的会飞的小兽。它的身体两侧生有皮褶子。它展开它的四只爪子，打开皮褶子，就能飞起来了。它可是我们森林里的跳伞运动员呢！可惜的是，这种小兽现在非常罕见了。

●发自森林记者尼·斯拉得克夫

飞鸟传信

发洪水了

春天这个季节，给森林里的动物们造成了无数的伤害。雪飞速融化，导致河水上涨，覆盖了河岸。有些地方已经像一个真正的海洋了。动物们受灾的消息在森林里到处传播。尤其是兔子、鼹鼠、野鼠、田鼠以及其他住在地上的小动物是受灾最严重的。水渗入泥土里，它们都不得不慌忙逃命。所有的小动物都在想办法躲避水灾。

【叙述】
讲述了这个季节受洪水影响严重的动物有哪些。

小鼩鼱跳出洞穴，爬到了灌木丛，守在那里一动不动地等待着洪水退去。它的表情真是可怜极了，因为它现在非常饥饿。在大水升到岸上时，小鼹鼠没有被淹死在地下，它从地下钻出来了。幸亏它会游泳，它现在必须游到一个干燥的地方。鼹鼠是一位厉害的游泳运动员，它一口气游了好几十米，才爬上了岸。它内心很满足，因为在水面时，没有猛禽发现它那乌黑发亮的皮毛。爬上岸后，它看到土地，又熟练地钻了下去。

【动作描写】
表现出鼹鼠的动作敏捷。

爬树的兔子

一只小白兔就住在一条大河中间的小岛上。它白天就躲在灌木丛里，以免被狐狸或者猎人发现；晚上，它就出来寻找小白杨树的树皮吃，因为这个时候很安全。这只兔子年纪还太小，不是太聪明。它根本没有注意到，河中的冰块在融化。

那天，小兔子正躺在灌木丛下安静地睡觉。阳光把它晒得暖暖和和的，它丝毫没有察觉到河水在飞速上涨，直到它身上的毛被打湿了，它才苏醒过来。它飞快地跳了起来，周围都是水。发洪水了。大水已经淹没了小兔子的脚背，它惊慌失措，慌忙地逃往小岛的中心，因为那里的地势高一些。然而，河水涨得实在太快了，小岛的大部分地方都被淹没了，兔子焦急地来回乱窜。它看到整座小岛都快被淹没了，然而它又不会游泳。横渡这条汹涌的大河，对它来说是不可能的。就这样时间过去了。到了第二天早晨，只有一小块地方

【神态、动作描写】
表现了洪水暴涨时，兔子焦急的状态。

是露出来的，那里生长着一棵树干粗而多节的大树。这只小兔子疯了似的，想要跳上这棵树。

第三天，河水已经淹到树下了。小兔子开始往树上跳，不过每次都失败了，它不幸掉到了水里。最后，它终于跳上了离地面最近的一根粗树枝。它在上面一动不动，耐心地坐在那里等待着，幸运的是，河水没有再上涨。

【叙述】
“终于”一词，表现了兔子逃生的艰难。

它并不担心自己会饿死，老树皮虽然又硬又苦，但还是可以吃的。最恐怖的是风。它猛烈地摇晃着大树，使小兔子抓不稳树枝。小兔子好像是一个趴在轮船桅杆上的水手一样，随着树枝一起剧烈地晃动着。河水带着大树、木头、树枝、麦秸和动物的尸体，从兔子身子底下流过。尤其当它看到有只兔子随着急流，从它身下漂过时，它吓得愣住了。那只死去的同伴的脚还被一根枯树枝缠住了，肚皮仰着，四脚朝天，随波逐流。兔子在树上待了整整三天。大水终于退去了，它跳下了地。但它只能待在小河中间的小岛上了，因为一直等到炎热的夏天来临，河水才会变浅，它才可以跑到岸上去。

【运用修辞手法】
以拟人手法表现风大而急的状态。

乘船的松鼠

一个渔夫，在春水泛滥的草地上，撒下袋形渔网。他慢慢划着一只小船，在冒出水面的灌木丛中缓慢穿行。

突然，一只奇形怪状的淡棕色蘑菇映入了他的眼帘。那只蘑菇跳了起来，刚好一下子就跳进渔夫的小船里。原来是一只浑身湿漉漉的、毛发蓬松的松鼠。渔夫把松鼠带到了岸边，松鼠立刻从小船里跳出来，开开心心地跳进树林里了。它为什么出现在水中的灌木丛中，又在那里究竟待了多久？没有人知道。

【设置悬念】
留下疑问，引人思考。

连鸟类也在受罪

对鸟类来说，水灾并不是那么可怕。然而，它们其实也受到了伤害。浅黄色的鸦鸟在一条大水渠边做了一个巢，它在巢里产下了蛋。发大水的时候，它的巢被冲坏了，蛋也被水冲走了，鸦鸟不得不另寻安家之地。

【叙述】
转折句，说明洪水对鸟类也有伤害。

沙锥待在树上焦虑不安，它等啊等，盼望大水快点退去。

沙锥生活在林中的沼泽地上,它的一张长嘴巴是用来在柔软的泥土里寻找食物的。它的脚在泥地上行走已经习惯了。要是让它在树干上这样站着,足够让它难受了。然而,它不得不在树上待着,一直等到可以再次在柔软的沼泽地上行走,用它的长嘴巴在地上挖洞。它不会离开这片沼泽地的!因为没有其他的地方让它生存了。

【叙述】说明沼泽地对沙锥的重要性。

意料之外的猎物

有一天,我们的一位森林记者,同时也是一位猎人,在湖上灌木丛后面,悄悄地靠近了一群栖息的野鸭。他穿着一双长筒靴子,慢慢地迈着步子,湖水已经淹没到他的膝盖了。

【动作描写】"慢慢"一词,突出猎人小心谨慎的特点。

突然,在他面前的灌木丛后面,传来了一阵喧嚣声和泼水声。然后,他看见一个长长的、光溜溜的东西在浅水里晃动。他毫不犹豫地用霰弹,对准这只奇怪的东西打去。灌木丛后面的水,顿时翻腾了起来,泛起许多水泡,然后又是一片寂静。猎人走过去一看,他打死的竟是一条长约一米五的梭鱼。原来,在这个季节,梭鱼正好从江河湖泊游到被春水淹没的岸上,想在草丛里产卵,因为这里的水浅且十分温暖。等到小梭鱼从卵里孵出之后,就会跟随着退下来的春水,去江河湖泊。猎人并不知道这些,不然他也不会这样做。在法律上,是禁止猎杀春天游到岸边产卵的鱼的。即使梭鱼和其他食肉鱼,也禁止捕捉。

【解释说明】交代法律对这些鱼类的保护。

最后的冰块

在小河上有一条冰道,集体农庄的庄员经常驾着雪橇行走在这条路上。不过,一到春天,小河里的冰也都裂开了。于是,这条冰道也就随着流水漂去了。这块冰实在太肮脏了,因为上面有马粪、雪橇的车辙和马蹄印。在冰块当中,甚至还有被人丢弃的一只马掌钉。起初,冰块在河水里慢慢地漂浮着。一些小白鸟(鹡鸰)飞到了冰块上,吃掉了冰上的小苍蝇。后来,河水漫上岸,冰块被冲到草场里了。鱼儿在洪水泛滥的草场上绕着冰块来回游玩。

【行为描写】表现洪水停涨后动物的状态。

一只瞎眼的黑色小动物蹦出水面,它吃力地爬上了冰

块。原来是一只鼹鼠。大水淹没草场的时候，它在地下呼吸不了，只好浮出水面。这时，冰块的一角恰好碰到干土丘，鼹鼠趁机跳上了土丘，飞快地钻到土里去了。

冰块还是在往前漂浮，越漂越远，最后消失在森林里，一只树墩把它挡住了。现在，鼹鼠和小兔子等一大帮受灾的小动物们，都已经聚集到冰块上来了。它们都遭受了相同的灾难，都曾遇到了死亡的危险。现在它们又怕又冷，全身发抖，彼此依偎在一起。还好，大水不久就开始撤退了。温暖的阳光融化了冰块，只留下马掌钉子还残留在树墩上。小动物们都爬上岸，慢慢地分散了。

【叙述】
交代冰块的去向。

鱼儿在冬天做什么

在寒冷的冬天，许多鱼儿正在睡大觉呢！

【引出下文】
引起下文。

在秋天的时候，鲫鱼和冬穴鱼早就钻到河底的淤泥里去了。鮈鱼和小鲤鱼在有沙子的洞穴里过冬。而鲤鱼和鳊鱼则在长满芦苇的河湾和湖湾的深坑里过冬。秋天，鲟鱼就聚集到大河底的洞穴里，相互挤在一起，亲密极了。河水越深，靠近河底的水就越温暖。

【叙述】
写出鲟鱼在秋季时的生活状况。

关于几乎不冬眠的鱼儿在冬天做什么，在这一期的《森林报》上，你们可以读到。刚刚上面所说的那些冬眠的鱼，现在都已经醒过来了，它们已经急忙开始产卵了。

祝你垂钓都很准

在古代，有一种挺搞笑的习俗，猎人出去打猎的时候，人们总会说："祝你鸟毛都打不着！"但是，当钓鱼的人出去钓鱼的时候，人们却会说："祝你垂钓都很准！"

【引用谚语】
谚语诙谐而幽默，引起读者强烈的好奇心。

我们的读者当中有不少对钓鱼感兴趣的人。我们不但预祝他们垂钓成功，而且要给他们一些建议和忠告，告诉他们什么鱼在什么时候比较容易上钩。河水解冻后，就可以立刻把钓鱼竿垂到河底，用一些蚯蚓钓江鳕。等到池塘里和湖里的冰消失后，就可以钓红鳍鱼了。这种鱼喜欢躲在河岸边隔年残留的草丛里。再等一些时间，就可以捕捉更大的鱼儿了。等水变得清澈后，就可以用渔网捕大鱼，用鱼饵钓小鱼。

【埋伏笔】
总起句，既点题，又为下文埋下伏笔。

【引用名言】

引用名言，既是过渡，又起着引起下文的作用。

苏联著名的捕鱼业专家库尼洛夫曾说过这样一些话：“钓鱼人应该掌握鱼类在不同的季节、不同的气候条件下的生活习性，这样，钓鱼的人在河边垂钓，才能正确选择钓鱼的地点。”

随着大水渐渐退去，河岸也开始露了出来，水也慢慢变清澈了，这时可以钓梭鱼、硬鳍鱼、鲤鱼和鳜鱼。可以在以下地方垂钓：小河入口和小河分叉口，浅滩和石滩旁，陡岸和深湾旁，尤其是在水淹没的乔木和灌木里，在平静的、狭窄的水域，在河桥的下面、小船或木筏上，在水磨坊的坝上等。不管是在深水里，还是在岸边的浅水里，都可以钓鱼。库尼洛夫还这样说过：“一种带鱼漂的钓鱼竿，适合钓各种鱼，从早春到秋天，不管在哪里，都能起作用。”

【引用名言】

再次引用名言，增强了文章的趣味性和可读性。

从五月中旬起，就可以在湖泊或者池塘里，用红虫子钓冬穴鱼；再过些时候，就可以钓斜齿鳊、鳜鱼和鲫鱼。钓鱼的最佳位置是河岸的草丛旁、灌木丛旁和1.5~3米深的河湾。不要老待在一个地方垂钓。要是鱼没有上钩，就可以到另一个灌木旁，或者芦苇丛、牛蒡丛旁去。要是你划着小船钓鱼，那就更方便了。在平静的小河边，等到小河里的水一变清，就可以在岸边钓各种鱼了。钓鱼的最佳位置是陡一点儿的岸边，水中残留树枝和灌木的河中心的小洼地，岸边长有杂草和芦苇的位置。

【解释说明】

点明钓鱼的最佳地理位置。

有时候，很难接近小河湾和灌木丛，因为河岸泥泞不堪，周围洪水泛滥。不过如果设法踩着草墩，或者穿着长筒靴走到岸边去，在牛蒡后或者芦苇丛里抛下鱼饵，就可以钓到不少鳜鱼和斜齿鳊了。沿着岸边走时，你一定要耐心寻找合适的位置。拨开树丛，把钓鱼竿从树枝间伸出去，把鱼饵甩在那些无人钓过鱼的地方。

【叙述】

给读者温馨的提醒，使读者倍感亲切。

在桥墩旁、小河口和水磨坊的坝上，会有许多钓鱼爱好者聚集。这些地方，总能让你钓到鱼。钓大鲤鱼必须用豌豆、蚯蚓和蚱蜢做诱饵，用带鱼漂的钓鱼竿在岸边钓就可以了；有时也可以用普通的钓鱼竿钓。从五月中旬到九月中旬，都可以用普通的钓鱼竿钓鱼。

钓鲑鱼和淡水鳜的最佳位置是大坑；河水转弯的地方的

急流旁；比较安静的林中小河，这里附近都堆满了被风刮倒的树木，岸边有许多灌木的深水域；堤坝下和石滩下。有些鳜鱼，只能在石滩和靠近暗礁的地方钓。有些小鲤鱼和一些不太大的鱼，一定要在离岸不远的、急流的浅水中，或者在河底铺有砾石的支流中钓。

森林部落的战争

在森林的部落之间，战争是在所难免的。我们派出特约记者，赶赴战事前线采访。首先，我们的特派记者到了百岁的老枞树国里，这里的每个老枞树战士都个头高大，有接在一起的两根电线杆那么高，有的甚至有三根电线杆那么高。

【运用类比】突出了枞树高大的特点。

这个国家黑暗阴沉。老枞树战士们直挺挺地站在那儿一动不动，沉默不语。它们的树干，从下到上都是光溜溜的，偶尔有些枯树枝是弯曲的，淘气地在树干上翘出来。

【运用修辞手法】用拟人的手法，形象地突出了枯树枝的弯曲姿态。

在远处的树梢上，巨树们茂密的树枝互相缠绕着，形成了一道紧密的大保护层，覆盖了整个枞树国。阳光照射不进厚厚的保护层，下面都是黑暗的，还有一股潮湿腐朽的难闻气味。偶尔会有一些绿色小植物从这里生长出来，可是，没过多久，它们就全都枯萎凋零了。

只有灰藓和地衣对这个黑暗阴沉的国家很满意。它们的食物就是主人的血——树液，它们贪婪地在战争中牺牲的巨树的尸体上聚集。在这个地方没有看见一只野兽的痕迹，也听不到任何鸟叫的声音。特约记者只遇到了一只独自生活的猫头鹰，它藏在这里，是为了躲避强烈的太阳光。它好像被吵醒了，有些生气，汗毛竖起，胡子颤抖起来，那张钩形嘴发出的声音实在可怕。在没有风的日子里，这个国度到处都是一片寂静。只有在风刮过树顶的时候，这些直立挺拔的巨树，才会摇摇长满针叶的树梢，愤怒地发出嘘嘘的声音。在老树林里，枞树的同伴最多，个头最高、最强壮。

【运用修辞手法】用拟人手法描写灰藓和地衣，生动形象。

特约记者离开这个枞树国，来到了白桦林和白杨的国度。在这里，白皮肤、绿卷发的白桦树和银皮肤、绿卷发的白杨树，正用各种琐碎的声音，热情地欢迎着记者的到来。在

林中，不计其数的小鸟在歌唱着。阳光透过树梢的叶子照射下来，天空显得色彩斑斓。空中不时闪过一道太阳的反射光，就像金色的小蛇、圆圈、月牙儿、小星星在光滑的树干上玩耍一样。地上密密麻麻地长着各种低矮的小草。看得出，它们在主人的绿帐篷下快乐自在，把这儿当自己家了。野鼠、刺猬和小兔子，在记者脚下来回乱窜。当风刮过树顶的时候，这个快乐的国度里简直热闹非凡。不过在无风的日子里，这里也并不是安静的：不管是在白天还是黑夜，白杨树叶都摆动着，发出沙沙的声音，说着悄悄话。

【场景描写】
无风时，白杨树也安静不下来。

一条河作为这个国家的分界线，河对岸是一片荒漠，那边有一块巨大的砍伐迹地。冬天，林业工人们在那里砍伐木头。在这片荒漠背后又是一片大枞树，像一堵墙一样矗立在那儿。

记者很早就知道，当森林里的雪融化后，这片荒漠就不再是荒漠，就会变成一个战场。森林里各部落的居住地越来越拥挤。只要附近出现一点空地，各个部落就会马上出击占领。我们的记者渡过河，急忙在砍伐迹地上搭了个帐篷住下来，以便做这场战争的见证人。

【叙述】
说明此处的“战争”十分激烈。

一天早晨，阳光灿烂。从远方突然传来一阵手枪对射似的声音。记者急忙跑到那里。

原来，枞树已经开始进攻了，它们派出自己的空军占领空地。太阳把枞树的大球果晒得滚烫，大球果发出噼里啪啦的声音，接二连三地裂开来。每次裂开，都伴随着砰的一声，就像是从玩具小手枪里发出的声音一样。包裹着球果的鳞片很快膨胀了。球果好像秘密的军事基地一样，一打开，无数的种子像一群小滑翔机一样飞了出来。风托住了它们，一下子抬得高高的，一下子又放得低低的，带着它们在空中盘旋。

【运用修辞手法】
用比喻的手法，将球果打开时种子飞出的样子生动地描绘出来了。

每棵枞树都有无数个球果。每只球果里隐藏着大约一百架小滑翔机(种子)。数不胜数的种子在空中飞舞，降落在砍伐迹地上。然而枞树的种子有些沉，而且只有一只翅膀。小风不能把它们送到很远的地方。它们只飞了一小半路程，就掉到地上了。几天后，随着一场大风，这些枞树的小滑翔机才最终占领整个空地。但是，几个寒冷的早晨，让这些娇

嫩的种子差点冻死。还好下了一场温暖及时的春雨，大地变松软了，小移民们才被收留下来了。当枞树部落占领砍伐迹地的时候，河对岸的白杨树已经开花了。它们那毛茸茸的种子，才刚刚开始成熟。又过了一个月，夏天快要到了。在黑暗阴沉的枞树国里，正在欢庆佳节呢！枞树枝上点上了红蜡烛(新球果)。枞树也换了新装，金黄色的花絮缀在墨绿色的针叶树枝上。枞树的花开了，它们在悄悄准备明年需要的种子。而那些埋在砍伐迹地里的枞树种子，它们现在可以作为小树苗钻出来，向这个世界问好了！可白桦树还没有开花。森林记者认为，新大陆终将被枞树完全占领，其他森林部落错过了时机。战争不会爆发了。在下一期《森林报》上，编辑部希望能收到记者们发来的最新的详细报道。

【叙述】交代了土里的枞树种子的生长状态。

集体农庄纪事

雪刚刚融化，拖拉机就开始驶进田里去了。拖拉机既能耕地，又能耙地。如果给拖拉机装上钢爪，那么它连树墩都能连根拔起，开辟出新的农田。

【运用修辞手法】以夸张的手法说明拖拉机的巨大作用。

在拖拉机后面，走来了一群大摇大摆的浑身黑里带蓝的白嘴鸦；更远处，灰色的乌鸦和两肋雪白的喜鹊在一蹦一跳。从土里翻出来的蛆虫、甲虫及其幼虫，都是鸟儿们最爱吃的美味食物。农田耕好了，耙好了，拖拉机开始拖着播种机在田里播种了。优质的种子从播种机里一行行撒在农田里。在我们这里，亚麻是最早播种的，接着是小麦，最后是燕麦和大麦。这都是一些春播农作物。秋天播的是黑麦和小麦，现在已长到了四分之一俄尺(一俄尺等于 0.71 米)高了。在去年秋天，这两种麦子已经播种了，度过了一个雪花纷飞的冬天，现在长得很好。

绿色田野里充满生机，在天刚刚亮和夜幕降临的时候，似乎总有一辆见不着的大车发出声音，又好像有一只大蟋蟀在唧唧叫着："契尔维克！契尔维克！"不对，那不是大车，也不是蟋蟀，而是美丽的田公鸡(灰山鹑)发出的声音。它灰乎乎的，身上夹杂着白色的花斑；它有橘黄色的面颊和头颈，红

【场景描写】点明田野早晨和傍晚的热闹及充满生机。

【外貌描写】突出灰山鹑的漂亮的外表。

色的眉毛，黄色的脚。在绿色田野的某个地方，它的妻子雌山鹨已经建好了巢。

草场上的幼草有些青了。在黎明时分，在木屋里的集体农庄生活的孩子们，都会被一阵阵响亮的牛羊的叫声吵醒。牧童们已把牛群、羊群赶到草场去了。有时，人们会看到慈乌和椋鸟这些有趣的骑手，竟骑在了牛背和马背上。牛其实可以摇摇尾巴，把它们赶走的。然而牛没有这样做，到底是什么原因呢？很简单：这些小骑手们的重量不值一提，而且它们还能给牛和马带来好处呢！原来，在牛毛、马毛里藏有牛虻的许多幼虫，在磨破、碰伤的地方也有苍蝇所产的卵，慈乌和椋鸟可以帮牛马消灭它们。肥嘟嘟、毛烘烘的雄蜂很早就醒了，嗡嗡地叫着；亮闪闪、身材苗条的黄蜂飞舞着；蜜蜂也是时候出来了。在暖蜂室和地窖里过冬的蜂房被集体农庄庄员们拿了出来，放在了养蜂场上。有着金色翅膀的蜜蜂争先恐后地从蜂房里爬出来，沐浴了一会儿阳光后就张开翅膀到处采集香甜的花蜜去了。在今年，这可是它们第一次采蜜呢！

【场景描写】形象描述了雄蜂、黄蜂的状态。

在集体农庄植树

每年春天，我们这里的集体农庄里都会栽种几千公顷的树林。在许多地方，新培育了面积从 10 ~ 50 公顷不等的新树苗圃。

【叙述】表明人们对集体农庄种树的高度重视。

●塔斯社列宁格勒讯

集体农庄新闻

新的城市

昨天夜里，在果园周围出现了一座新的城市。城市里的住房整洁干净。据了解，这些住房不是建造出来的，而是用担架抬来的。住在城里的居民对这里的温暖气候感到十分满意，都喜欢出来漫步。它们在房屋上空盘旋，了解附近的街道和住房。

【解释说明】突出住房的来历，引发读者兴趣。

●发自尼·米·芭芙洛娃

【运用修辞手法】
以拟人手法表现人们对马铃薯的喜爱与重视。

马铃薯也要过节了

你要是听到马铃薯在唱歌,那一定是一首愉快的歌。今天是属于马铃薯的节日,它们要被运到田里去了。农庄工作人员非常细心地把它们装到木箱里,搬到汽车上,接着运走。为何要如此细心呢?为何要装在木箱里呢?原来这是因为每一颗马铃薯都已经发芽了。马铃薯的芽,短短的、胖胖的、毛茸茸的,可好了。它们光照充足,下部宽,有一些白色的小凸包,根就是从这里长出来的。芽的上部尖尖的,依稀可以看到一些细小的叶子。

坑的秘密

【解释说明】
以幽默的语言,交代坑的用途。

在学校的一块附属土地上,秋天时就已经挖好了一些坑,经常可以看见青蛙掉在坑里,有些人就觉得这是专门为捕捉青蛙而挖的坑。可是现在就连青蛙都知道,这些坑是用来种植果树的。学生们在坑里种上了苹果树、梨树、樱桃树或李子树,每个坑里种植了一棵。在坑中间竖了根木桩,把小树绑在了木桩上。

修剪指甲

【叙述】
集体农庄的人十分爱护牛。

集体农庄的专业理发师会给牛修剪指甲。他们还会帮牛洗脚,把它们的脚趾甲都给修剪短。牛不用多久就要到牧场去了,它们的每一条腿都应该确保完好无损。

准备干活了

【叙述】
拖拉机在集体农庄里发挥着不可小觑的作用。

在田里,拖拉机不分昼夜地轰鸣。在夜里,它们独自工作;到了早上,有一群慈乌自作主张地跟定了拖拉机。它们忙个不停,还是吃不完被拖拉机翻出来的蚯蚓。鸥鸟也非常喜欢吃蚯蚓和在土里过冬的幼小甲虫,所以在江河湖泊附近,有一群群白色的鸥鸟跟在拖拉机后面。

让人惊奇的芽

在一些黑醋栗丛上,生长着一种奇特的芽。芽的样子又

大又圆。有些芽已经张开了,很像小小的甘蓝叶球。借助于放大镜,我们仔细研究了这些芽,不禁失声惊叫起来,里面住满了令人讨厌的生物:长长的,弯弯的,还蹬着腿、吹着胡子呢!怪不得芽膨胀得这么厉害。原来藏在芽里面过冬的是扁虱。对于黑醋栗来说,扁虱是最致命的敌人。它们毁坏了黑醋栗的芽,还把疾病传染给黑醋栗,害得黑醋栗结不了果。假如在一棵黑醋栗上膨胀的芽不多,就必须在扁虱还没爬出来之前,赶快把芽摘下来烧掉。而那些膨胀芽多的黑醋栗,就只能整棵烧掉了。

【静态描写】
描写扁虱的形态,说明芽膨胀的原因。

【解释说明】
扁虱是黑醋栗的天敌,危害很大。

成功的飞翔

一批刚刚满一岁的小鲤鱼被装在矮木箱里,乘着飞机飞到了五一集体农庄。鱼一般不飞行,但现在它们都活着,都很健康,现在在集体农庄的池塘里快乐地游泳呢。

【叙述】
点出人们对小鲤鱼十分重视。

城市新闻

迎来植树周

【叙述】
春天是万物复苏的季节。

积雪融化了，大地重新恢复生机。在城市的各个地方，迎来了植树周。在春天里，这种植树的日子叫作植树节。学生们在学校附近的花园里、公园里、住宅周围和大路上忙个不停，正在为植树做准备。涅瓦区少年自然科学家实验站已经准备好了几万棵果树苗。苗圃把两万棵枞树、白杨和枫树的苗木，划分给了每个海滨区的学校。

●塔斯社列宁格勒讯

种子储蓄罐

【叙述】
点出植树的目的之一是抵御暴风雨的袭击。

【叙述】
表明大家对植树的热情。

宽阔的田野无边无际，要种植多少树木，才能使这些田地免受暴风雨的袭击啊！在学校的孩子们都知道植树造林对于一个国家的重要性。因此，每年到了春天，在六年级A班教室里，就放了一只大木箱——树苗种子储蓄罐。枫树种子、白桦树的葇荑花序、结实的棕色橡实等纷纷被倒进罐里。孩子们用桶装着种子，带到学校来。比如维加，他单单榛树种子就收集了十公斤。到了秋天，树苗种子储蓄罐装得很满了。我们把收集到的种子全部上交，用来开办新的树苗圃。

●发自丽娜·波良考娃

在果园和公园里

【引出下文】
引出下文。

【解释说明】
指出"C"字白蝶的名称的由来。

一层薄而透的绿色薄雾笼罩了树木。但是只要树一长出嫩叶子，这些薄雾就会消失不见。这时，飞来了一只漂亮的大蝴蝶(长吻蛱蝶)。它的羽毛像天鹅绒一样柔软，身体是棕色的，掺杂着许多浅蓝色斑点；翅膀的顶端是白色的，就像褪色了一样。又飞来了一只有趣的蝴蝶。它的样子很像荨麻蛱蝶，只是个头没有荨麻蛱蝶大，颜色有些暗，是浅棕色的。它的翅膀上有些小疙瘩，翅翼好像被扯破了。抓一只来仔细观察一下，你会看到它的翅膀下面有一个白色的字母"C"，或许你觉得这是有人给它刻上作为标记的。它的学名

叫作“C”字白蝶。小粉蝶、大白蝶这些蝴蝶不久也要飞来了。

七鳃鳗

在我国，从列宁格勒到库页岛，在一些大小不一的江河里，都可以看到一种奇形怪状的鱼。它的身子瘦长，猛一看，你会觉得它像蛇。它身体的两侧没有鳍，只在靠近尾巴的背上长着鳍。它游泳时，就像一条蛇一样一摇一摇的。它也没有鳞，皮肤很松软；它的嘴和普通的鱼嘴不一样，是一个漏斗形的圆洞，像个吸盘。看到它的嘴，你会觉得它根本就不是鱼，而是一条巨大的水蛭。其实，它叫七鳃鳗。它的眼睛后面、身体两侧，一边有七个呼吸孔(即七个鳃)，因此在我国农村，大家还叫它七孔鳗。年幼的七鳃鳗和泥鳅很像。小孩子经常抓住它，把它挂在钓钩上做诱饵，来捕获大鱼。有时候，七鳃鳗会用它的吸盘吸附在大鱼身上，这样就可以周游世界了，大鱼却总也甩不掉它。渔夫们告诉我们说，有时七鳃鳗还会吸附在水底的石头上。只要吸住石头，它的全身就会扭动起来，不停地拖拽，直到把石头搬动。七鳃鳗竟然有这么大的力气！它搬开了石头后，就会在石头下面的小坑里产卵。因此这种令人称赞的鱼有个学名，叫作吸石鳗。它的样子不是很好看，不过把它用油一煎，再蘸点醋，就是一道美味佳肴。

【做铺垫】
总起句，为下面的叙述作铺垫。

【静态描写】
点明七鳃鳗的名称由来。

【动作描写】
突出七鳃鳗力气大的特点。

街上的生活

蝙蝠一到了夜晚，就开始空袭城市郊区。它们毫不在意路上的行人，只是认真地在空中捕捉蚊子和苍蝇。燕子飞来了。在列宁格勒州，总共有三种不同的燕子：第一种是家燕，它有一条长长的尾巴，喉部长着一个火红色的斑点；第二种是金腰燕，它的尾巴很短，喉部是白色的；第三种是灰沙燕，小巧可爱，身体是灰褐色的，胸脯是雪白的。家燕的巢搭在城市郊区的木头房子上；金腰燕的巢在石头房子上；让人惊奇的是，灰沙燕竟在悬崖的岩洞里孵小燕子。燕子飞来后，过了许多天，雨燕才飞来。雨燕和燕子很容易区分，雨燕的叫声很大，喜欢在房顶上来回飞翔。它们全身乌黑，翅膀也

【用词准确】
“空袭”二字，将蝙蝠的夜生活状况写出来了。

【运用对比】
将雨燕和燕子进行对比，突出雨燕的不同寻常之处。

不像普通燕子那样是尖角形的，而是半圆形的，像一轮月亮。咬人的蚊子也已经飞出来了。

城里的鸥

【神态描写】突出鸥自由自在、无拘无束的性格特征。

涅瓦河刚一解冻，就有鸥从河面上空飞过。它们并没有把轮船和城市的吵闹当回事，在人们眼皮底下，从河里悠闲自得地捕小鱼吃。过一会儿，鸥飞累了，就直接落到铁皮屋顶上歇息。

长翅膀的旅客

【运用修辞手法】借代手法，用“客舱”代指“木箱”，更加形象、生动。

你只有听到那音调均匀的嗡嗡声，才会猜想坐在飞机里的是长着翅膀的小乘客。一批高加索蜜蜂，分坐在两百间舒适的客舱(即三合板做的木箱)里。飞机把八百个蜜蜂家庭，从库班运到了列宁格勒。在旅途中，这些小旅客享受了一顿丰盛的“蜜粮”。

●发自尼·伊凡琴科

晴天下雪

【场景描写】生动而细致地描写雪落时的优美姿态。

【叙述】早春的蘑菇得益于雪的滋润。

5月20日的早晨阳光明媚，东方的天空一片蔚蓝，可是竟突然下起雪来了。雪花纷飞，就像萤火虫一样，慢慢地、轻飘飘地在空中飞舞着。冬爷爷啊，不要吓人，现在雪花的寿命都变短了！和夏天的晴天雨一样，透过雪花，太阳露出了笑脸，这样的雪倒是能让蘑菇更快地生长。雪一碰到地上，就融化了。要是我到郊外森林转悠一下，或许会遇到一个大惊喜呢！在那些融化的雪花下，也许我会找到满是褶子的褐色菇伞——羊肚菌和鹿花菌，这是早春第一批鲜美的蘑菇。

●发自森林记者维利卡

咕咕

5月5日清晨，在郊区公园里传来了第一声“咕——咕”的叫声。一周后，在一个暖和而安静的晚上，突然传来一只鸟在灌木丛里的鸣叫声，叫声甚是清脆悦耳。刚开始是轻轻的鸣唱，后来声音慢慢地越来越大，最后大声地呼叫起来，就

像细碎的豌豆向地上撒似的！现在，大家反应过来了，原来这是夜莺在歌唱呢！

【运用修辞手法】比喻贴切、形象，将鸟的叫声描摹得极逼真。

少年米丘林工作者大会

三十年前，列宁格勒州的小学生们曾经拜访过米丘林。米丘林告诉小学生们，在伟大的改造自然的工作中，他们应该怎样去帮助大人。在这次大会上，列宁格勒的米丘林工作者们，回忆起了这件事。列宁格勒市和列宁格勒州3.5万名少年米丘林工作者，都派出了各自的代表参加了这次大会。春天，他们做了4.5万个人造鸟巢并把它们挂起来了，种植了20万棵果树，并且细心照料着树木，使绿色朋友和集体农庄的庄稼免受伤害。

【叙述】详细阐明米丘林工作者所做的努力。

●塔斯社列宁格勒讯

【名师点拨】

采用通讯、新闻特写的形式，将早春二月的动植物的生活状况表现得栩栩如生，引人入胜。

【回味思考】

1.叩头虫因什么而得名？
2.森林的清洁工指哪些动物？
3.冬天的时候，鱼儿们在做什么？

歌舞月（春三月）

森林中的大事

森林乐队

【举例】
以莺在春天的表现引出下文的其他动物。

在这个季节，莺唱起歌来，不管白天还是黑夜，从未停过。小孩子都很好奇，它难道不睡觉吗？实际上，春天的鸟没时间睡大觉，它只能小睡一会儿，接着唱首曲；又睡会儿，又唱第二首；在半夜里睡一小会儿，中午再睡一小会儿。

【场景描写】
总写了春三月森林里的热闹与充满生机。

在每个清晨和黄昏，不只是鸟，森林里所有的动物都在尽情表演，展现自己的才华。

在森林里，你不仅可以听到清脆的独唱、小提琴独奏、敲鼓声和吹笛声，还可以听到各种各样的叫声，甚至还可以听到各种吱吱声、嗡嗡声、呱呱声和咕嘟声。它们的分工非常明确：燕雀、莺和鸫鸟的特长是唱歌，它们用清脆的嗓子歌唱；甲虫呀，蚱蜢呀则拉着小提琴；啄木鸟敲着鼓；黄鸟和小巧可爱的白眉鸫吹着笛子；狐狸和白山鹑吠叫着；牝鹿咳嗽着；狼嗥啸着；猫头鹰哼唧着；丸花蜂和蜜蜂嗡嗡地叫着；青蛙刚开始是咕噜咕噜的叫声，接着又呱呱地叫着。谁都没有错过这样的演出，就算没有好嗓子也没有关系。动物们都按照各自的爱好选择乐器。啄木鸟首先寻找到了声音清脆的枯树枝作为它们的鼓。它们那非常结实的嘴巴，作为鼓槌再合适不过了。天牛嘎吱嘎吱地转动着坚硬的脖子，这难道不像是在拉小提琴的声音吗？蚱蜢的小爪子上有一个小钩子，翅膀上有锯齿，所以它用小爪子挠翅膀。麻鹭把长嘴伸到水里，用力一吹，水咕噜咕噜翻腾起来，整个湖顿时响起了一阵喧闹声，好像是牛的叫声。沙锥更是花样百出，它竟可以用

【承上启下】
承上启下。

【运用修辞手法】
比喻形象、准确，写出了天牛“唱歌”时的动作。

尾巴唱歌。它猛地一跳，冲入云霄，接着打开尾巴，头向下俯冲下去。它的尾巴被风吹着，发出的声音，就像羔羊在森林上空的叫声。森林乐队就这样组成了。

【动作描写】“跳”“冲”“打开”“俯冲”，将沙锥“唱歌”时的情形展现得淋漓尽致。

客人

顶冰花就像金星的花朵一样，早已在乔木和灌木丛下闪现，离地不是很高。在树木还是光溜溜的，灿烂的春光还能自由直射到地面时，这些花朵就开放了。一旁的紫堇也开花了。看到了紫堇开出的花朵，我们都无比开心！它漂亮极了！在长长的花茎尖端上，开出了神奇的淡紫色小花；边缘的叶子是锯齿状的，青灰色的。现在，顶冰花和朋友紫堇最美的时光已经流逝了。树木十分茂盛，影响了它们的生长。但是，它们已经准备回家了。它们的家在地下，现在只是到地面上来玩耍做客的。等到种子一播下，它们就消失了。在深深的地底下，它们的小球茎和圆块茎要度过一个夏天、秋天和冬天呢！要是你想把它们种植到自己家里，那就要趁那些花朵还未凋谢的时候，赶紧把它们挖起来。必须要小心谨慎地挖。这种小植物的白色地下茎有时非常长，长得让人无比惊奇！一般来说，在土冻得严重的地方，这些小植物的球茎和块茎，躲在地下很深很深的地方。而在暖和的、有东西覆盖的地方，球茎和块茎就在比较浅的地下。要是你想把它往家里移植的话，一定要谨记这一点。

【景物描写】突出紫堇花的漂亮。

【叙述】结尾处的提醒让人感觉亲切。

●发自尼·米·芭芙洛娃

田野里的动静

我和同伴去田里锄草。我们慢慢地向农田走去，这时传来了鹌鹑从草丛里发出的声音：“去锄草！去锄草！”我对它说：“我们是去锄草的呀！”可它还是自说自话：“去锄草！去锄草！”我们路过池塘。池塘里有两只青蛙把嘴巴探出水面，扯着嗓子拼命直叫。一只青蛙叫道：“呱呱！杜拉（俄语中是“傻瓜”的意思）！”另一只青蛙附和道：“萨马卡卡瓦！萨马卡卡瓦！（俄语中是“你不也一样吗”的意思）”然后，我们走到了田边，有一对翅膀圆圆的田凫很欢迎我们。它们在

【动作描写】“扯”“拼命直叫”，将田野中青蛙的活跃表现出来了。

我们头顶上拍打着翅膀，不停地问："你们是谁？你们是谁？"我们急忙回答道："我们来自克拉斯诺雅尔斯克村。"

●发自森林记者库罗奇金(克拉斯诺雅尔斯克村)

鱼儿的声音

无线电收音机播放了记录着水下声音的录音带。从扩音器里传出的声音，淹没了屋子里的人声。人类从未听见过这些奇特的声音：嘶哑的啾啾声、嘎吱的尖叫声、不知来源的呻吟声和哼唧声、某种独特的呱呱声，又突然夹杂着一阵震耳欲聋的嗒嗒声。这是在黑海里存在的各种鱼类的声音。每一种鱼都有属于它自己的声音，可以把水下王国里的其他居民区分开来。现在，因为特殊的水底音响收听装置(即敏感的水底"耳朵")的发明，我们才会相信水下王国并不是寂寞无声的，鱼类也不是哑巴。这其中的现实意义非常重大。利用水底测音机，我们可以知道珍贵鱼类的聚居地及其转移的方向。这样的话，就可以准确知道鱼类的行踪，可以更加准确地捕捞，而不是靠运气捕鱼了。在未来，人类也有可能模仿鱼类的声音，以此来诱捕鱼群呢！

【引起下文】
总起句，引起下文。

【叙述】
结尾处的设想，让人产生期待。

屋顶下

一朵花中最娇嫩的部分就是花粉。花粉要是打湿了，花就容易枯萎。雨水、露水对它都不利。那么花是怎么保护自己的花粉的呢？像铃兰、覆盆子、越橘的花朵，就像小铃铛似的倒挂着，这样它们的花粉都躲在了"屋顶"下。金梅草的花面向太阳，但它的每一片花瓣，都是朝里弯的，而且花瓣的边儿彼此相依，这样就形成了一个四周封闭的、安全的小球。就算雨水落在花上面，里面的花粉也进不了一点水。现在，凤仙花还含苞待放，它的每一朵花蕾躲在叶子下面。实在是太神奇了：叶柄上架着花梗，这样，花就可以一直躲在叶子底下开放，就像躲在房顶的下面一样。野蔷薇的花有不少雄蕊，一下雨，它就会把花瓣包裹起来。莲花要是碰到下雨天，也会把花瓣包裹起来。毛茛的花朵是往下垂的。

【细节描写】
表现凤仙花如何保护自己的花粉。

●发自尼·米·芭芙洛娃

森林的夜晚

一位森林记者在写给我们的信上是这样说的:“晚上,我去森林里,仔细倾听森林里的声音。我听到了各种各样的声音。不过,我不确定这些声音是什么动物发出的。那么,我该如何为《森林报》描述这个夜森林呢?”我们答复道:“请把你听到的声音清楚地描述出来,我们会尽力弄明白的。”

【设置悬念】
留下悬念。

于是,他给我们编辑部寄来了一封信:

说实在的,在夜森林中听到的声音,都是些噪音,根本不像你们在报上描述的那样,是一个什么乐队。

鸟鸣声渐渐变小了,最后消失了。已到半夜了。

快听!从高处的某个地方,传来了一阵低沉的琴弦声。起初声音很轻,慢慢越来越响了,形成了一段厚重的低音;然后,声音又变得越来越轻,终于完全停止了。我想:“这当作开场演出,真是不错。虽说拉的是单弦,不过总算开始了。”这时,从树林里传来一阵狂笑:“哈——哈——哈!嗯——嗯——嗯!”这声音真是让人毛骨悚然。我感到似乎有一群蚂蚁从我背上爬过去。我想:“这是在赞扬音乐家,还是在嘲笑它呢?”接着又是一片寂静。过了很久,我想:“应该不会再有什么声音了吧!”随后,我听到有谁在给唱机上发条,使劲地上着,但一直没有音乐响起。我想:“它的唱机是不是坏了,还是出了什么问题?”终于不上发条了。一片寂静。但随后声音又响起来了:“特勒勒,特勒勒,特勒勒……”响个不停,真是讨厌。最后发条终于上好了。我心里想:“该插入唱片,播放音乐了吧?”突然,有掌声响起来了,声音是那么清脆和响亮。我想:“这是什么情况?不是还没播放吗,怎么就有掌声了呢?”这些是我听到的所有的声音。随后,又有人给唱机上了好久的发条,可是还是没有音乐播放,不过掌声还是有的。我很生气,就回家了。

【叙述】
转折句,引起读者注意。

【听觉描写】
这响声让人疑惑,想一探究竟。

我们想说,森林记者不应该生气。他刚开始听到的、像低音琴弦的嗡嗡声,是甲虫(可能是金龟子)从他头顶上飞过。那令人恐惧的大笑声,是大猫头鹰(灰林鸮)发出的。不用怀

【揭开谜底】
揭开谜底,大猫头鹰的叫声令人恐惧。

疑，它的声音的确是令人讨厌的！特勒勒，特勒勒，特勒勒，这是蚊母鸟在给唱机上发条。蚊母鸟也是夜里出动的鸟，只不过它不是猛禽。蚊母鸟自然不会有唱机，它的声音是从喉咙里发出来的。它自认为那是在唱歌！鼓掌的也是蚊母鸟。它当然不是用手，而是在空中用翅膀啪啪啪地拍，那声音和掌声太像了。它这么做是什么原因呢？这个我们编辑没法解释，因为我们自己也不知道。也许它是开心地闹着玩呢！

【设置悬念】
留下悬念，引人思考。

玩耍和跳舞

在沼泽地上，鹤儿们正在举办舞会呢！它们围成一个圈，一只或两只站在中间，接着舞会开始了。刚开始很一般，只是用两条长腿在蹦跶。到后面，越跳越来劲，干脆就放开跳了，花样百出的舞步，让人看了发笑！转圈圈、蹦跳、打矮步，像极了踩着高跷跳特列帕克舞。周围的那些鹤儿，张着翅膀懒懒散散地打着拍子。可猛禽呢，在空中玩跳舞。尤其雄鹰表现得特别突出。它们飞到白云下，在高空中表演着它们的技巧。有时，雄鹰猛地把翅膀一收，从那令人头晕的高空中，像石子一样砸下来，就在快要碰到地面的时候，才展开翅膀，转一个大圈，又飞上高空去了；有时，它展开翅膀，停滞在深邃的高空，一动也不动，就像有根线把它拴在白云下似的；它偶尔在空中翻起跟头来，就像小丑从天而降，盘旋着，拍打着翅膀，一直翻着跟头冲向地面，努力表演着“翻跟头”。

【场景描写】
总起句，表现鹤群的欢乐。

【场景描写】
列举雄鹰的精彩表演。

最后飞来的一批鸟

到春末了。在南方过冬的最后一批鸟，飞到列宁格勒州来了。这些鸟都穿着最华丽高贵的衣服。现在草场上百花绽放，乔木和灌木上都长满了新叶，这些鸟很容易躲避猛禽的攻击。在彼得宫的小河上，有人看见了翠鸟。它身着碧绿、棕色和蔚蓝三色掺杂的制服。它来自埃及。在树丛里，长着黑翅膀的黄色金莺，吹着笛子，又像一只小猫在叫唤。它们来自南非。在潮湿的灌木丛里，出现了蓝胸脯的小川驹鸟和色彩斑斓的野鸫。在沼泽地上，金色的黄鹡鸰降落了。粉红色胸脯的伯劳，戴着高贵的羽毛领子的多彩流苏鹬，还

【运用修辞手法】
比喻句，突出了夜莺歌声的特点。

有绿蓝相间的佛法僧鸟，也慢慢飞来了。

长脚秧鸡来了

【叙述】

点出长脚秧鸡跑步快、善隐藏的特点。

从非洲来了一只长着翅膀的怪物，名叫长脚秧鸡。长脚秧鸡刚开始飞翔非常困难，而且也飞不快。在飞行途中，鹞鹰和游隼很容易把它捉住。还好，长脚秧鸡跑得很快，而且擅长躲在草丛里。所以，它更喜欢步行穿越整个欧洲，静悄悄地在草丛和灌木丛中前进。只有在千钧一发的时候，它才会展开翅膀飞翔，并且只在晚上飞翔。现在，长脚秧鸡在我们这儿的高草丛里叫个不停："克里克——克里克！克里克——克里克！"你可以听见它的叫唤，不过如果你想把它赶出草丛，仔细观察它的样子，那很难办到。不信你去试试！

伤心的白桦树

【设置悬念】

开头就设置悬念，激发读者强烈的好奇心。

现在，森林里，除了白桦树在哭泣，大家都很快乐。在强烈的阳光照射下，白桦树身躯里的白色树液流得实在太快了，甚至都透过树皮的孔渗透到外面来了。人们把白桦树液当作一种有益身体健康的饮料，因此他们会割开树皮，用瓶子接树液。树液相当于人体里的血液，树木要是流出了太多

的树液，它很快就会死去的。

【前后照应】白桦树的汁液极富营养，因此人们才会去“伤害”它。该句与前文相互照应。

松鼠不想吃素食了

在漫长的冬季，松鼠已经吃了很久的素食了，有松果，还有秋天保存起来的蘑菇。现在它可以开荤了。无数鸟儿已经筑了巢，产下了蛋，甚至有些鸟都已经孵出了雏鸟。在树枝上和树洞里寻找鸟巢，拿出小鸟和鸟蛋当食物吃，这是松鼠最擅长的事情了。在破坏鸟巢这件事情上，这个家伙绝对不会输给其他猛禽。

【叙述】鸟蛋和幼鸟成了松鼠的食物。

美丽的兰花

在我国北方，这种有趣的花是稀世珍品。当你看见它的时候，就会不由自主地想到它那大名鼎鼎的亲戚——在热带森林里生长的奇兰。在那里，兰花生长在树上；在我们这里，兰花生长在地上。在这里，一些兰花的根部让人惊讶，它就像一只胖胖的五个手指头张开的小手。有的花无比漂亮，有的花却相当丑陋。然而，不管哪种兰花的香气都是迷人的，让人沉醉不已！不过直到最近，在罗普萨，我第一次看到了兰花里面最出色的一种。这是我从未见过的植物，开着五朵美丽的大花。我把其中的一朵向上翻了一下，急忙缩回了手，因为有一只模样怪异的红褐色苍蝇叮在花朵的上面。我摇了摇花，它却一动不动。我再仔细观察了一下，原来那并不是一只苍蝇。

【运用修辞手法】比喻句，形象地突出了兰花根部的形状特点。

它有一双毛茸茸的短翅膀，它的身体像天鹅绒一样光溜，还夹杂着一些浅蓝色的斑点。它有头，还有一对触须。但是，这并不是苍蝇，而是花的重要的一部分。这种花名叫蝇头兰。这种花，我还是第一次看见。

【外貌描写】介绍蝇头兰的外形特征。

●发自尼·米·芭芙洛娃

寻找浆果

草莓成熟了。在阳光充足的地方，可以看见熟透了的鲜红的草莓浆果。它十分香甜！你吃过之后，一定会喜欢上这种味道的。覆盆子也成熟了。在沼泽地上，桑悬钩子也快成熟了。覆盆子枝头上挂满了浆果，每棵草莓却最多结五个浆

【运用修辞手法】巧妙地运用拟人手法，将桑悬钩子结果实少的特点指出来了。

果。桑悬钩子真是小气，它的茎上只结一个浆果，而且不是每一棵桑悬钩子上都结浆果。有些只开花，不结果。

●发自尼·米·芭芙洛娃

这只甲虫叫什么名字

【总领全文】总起句。

我抓到一只罕见的甲虫，不知道它的名字，也不知道用什么食物来喂养它。它和那种叫瓢虫的甲虫长得非常相似，瓢虫是红色的、带白色斑点，而我抓到的这只甲虫全身是黑色的。它有六只爪子，还会飞。圆圆的身体，比豌豆稍微大一点。在它的背部有一双黑黑的硬翅膀，硬翅膀下还有黄色的软翅膀。只要展开黑翅膀和黄翅膀，它就起飞了。当它遇到危险时，就会把小爪子藏到肚皮底下，缩起触须和头，让人看了不禁想笑。如果你把它拿在手里观察，一定不觉得它是只甲虫。它的样子倒更像一颗黑色的水果糖。不过，稍等一下，没有人碰它，它就会伸出爪子，探出头来，最后伸出触须。请你告诉我：这只甲虫到底叫什么名字呢？

【运用修辞手法】比喻句，突出甲虫的奇怪之处。

●发自柳霞(12 岁)

编辑部的回信

因为你将小甲虫描写得十分详细，所以我们马上就知道了它的名字叫阎魔虫，也叫小龟虫。它像乌龟一样，爬得缓慢；它还能像乌龟那样，将身体全部缩进壳里面。它的壳很深，头、脚、触须都可以缩进里面。阎魔虫的种类十分繁多，有黑色的，还有其他各种颜色的。它们喜欢吃腐烂的植物和厩粪。有一种黄色的阎魔虫，长着细毛，生活在蚂蚁窝里。它的行动十分自由，随时可以飞回蚂蚁窝。蚂蚁并没有惊扰它。蚂蚁不只是保护蚂蚁窝，还保护着房客阎魔虫，不允许其他敌人来打扰它。

【运用修辞手法】用类比手法，介绍阎魔虫的外形特点。

【叙述】蚂蚁和阎魔虫是可以共生的伙伴，蚂蚁会保护它。

燕子搭窝

(摘自少年自然科学家日记)

5 月 28 日　在邻居木屋的屋檐下(正好对着我房间的窗户)，有一对燕子搭窝了。我兴奋极了，因为我终于可以亲眼

看到燕子怎样搭建它那可爱的小窝。我看到了燕子全部的搭窝过程。我还知道，它们在何时开始孵蛋，怎样喂养小燕子。我仔细观察小燕子，看它们去哪里找建筑材料，原来是从村子的小河边找来的。它们飞到靠近水边的河岸上，用嘴挖起小块淤泥，立刻衔着飞回木屋。它们轮流劳动，把泥粘在屋檐下的墙上后，然后又去衔新的一块。

【行为描写】详细介绍燕子搭窝的过程。

5月29日　不只我一个人因看到新建筑而无比兴奋。今天一大早，隔壁的一只大公猫爬上了房顶。这只流浪猫阴沉着脸，全身的毛都被抓破了，右眼也因为跟别的猫打架而瞎了。它一直用眼睛盯着来回飞翔的燕子，并且一次又一次地向檐下张望着，想看巢做好了没有。燕子慌张地叫唤。因为猫待在屋顶上不走，它们就没法继续筑巢了。它们会不会离开这里呢？

6月3日　最近几天，燕子筑好了巢的底部，它的形状像把细细的镰刀。大公猫时常喜欢爬上屋顶吓唬它们，打扰它们劳动。从今天中午开始，燕子就没再飞来过，看样子，它们打算放弃这项建筑工程了。它们或许会在别的比较安全的地方筑巢，可是我看不到了！好难过啊，好难过！

【运用修辞手法】比喻贴切、形象。

6月19日　最近几天天气炎热。屋檐下的那个形状像镰刀的巢都干了，变成了灰色。燕子再也没有飞来。在白天，天空阴沉沉的，没过多久就稀里哗啦地下起了雨，这才算是真正的倾盆大雨！窗外好像挂上了一道用玻璃条做成的细密帘子。街道上的雨水像小河一样在流淌。小河涨水了，水流非常急，不管从哪里都不能涉水蹚过小河了。如果不小心踩到岸边的稀泥，几乎能淹没膝盖。直到天快黑的时候，雨才停了。有一只燕子飞到了屋檐下。它在镰刀状的巢基上停了一会，就飞走了。我想："燕子也许不是被猫吓走的，而是因为它们最近找不到筑巢用的淤泥。也许它们还会飞来吧？"

【前后照应】照应前文。

6月20日　飞来啦！飞来啦！而且不止两只，是很大一群呢！它们在屋顶上盘旋着，偶尔朝屋檐下看，兴奋地叫唤，好像在争论什么。它们讨论了大约十分钟，之后只留下一只燕子，其他的都飞走了。只见燕子用爪子抓牢镰刀形状的泥巢基，坐在那儿纹丝不动，只用嘴修理巢基，也许是把它那黏

【抒发感情】表现了作者的欣喜之情。

稠的涎水涂在泥基上。我想这只雌燕子应该是这个巢的女主人吧，因为又飞来了一只雄燕子，接着它嘴对嘴递给雌燕子一团泥。雌燕子接过后就粘在巢上，雄燕子又飞去衔泥了。大公猫又上房顶来了，不过燕子不怕它了。燕子没有叫唤，努力干到太阳落山。真荣幸，我总算可以看见燕子巢顺利建成了！希望大公猫的爪子不要够到它。放心吧，燕子最清楚应该把巢筑在哪里。

【行为描写】
表现出燕子辛勤劳动的场景。

●发自森林记者维利卡

斑鸫的家

五月中旬的一天，晚上八点左右，在我家的花园里，我看到了一对斑鸫。它们落在白桦树旁的板棚上，我在树上挂着一个我做的带活动盖的树洞形人造鸟巢。后来，雄斑鸫飞走了。雌斑鸫没有飞走，它落在了鸟巢上，不过并没有钻进巢里。过了两天，我又看见了雄斑鸫。它钻进了鸟巢，之后落在了苹果树上。一只朗鸫飞过来了，接着两只鸟打起了架。这是因为，朗鸫和斑鸫都是在树洞里筑巢的鸟类。朗鸫想占领斑鸫的巢，不过斑鸫坚决不让。这对斑鸫在树洞状鸟巢里居住了。雄斑鸫不停地哼着歌，从鸟巢里进进出出。一只燕雀落在白桦树梢上，不过这并没有引起斑鸫的注意。原因很简单，燕雀和斑鸫不是冤家，燕雀自己筑巢，不住在树洞里，这两种鸟类吃的食物也不相同。过了两天，清晨，一只麻雀飞到了斑鸫巢里，雄斑鸫向它猛扑了过去。接着，鸟巢里开始了一场残酷的战斗。突然，没有一丝动静。我跑到白桦树旁，用木棍敲树干。从鸟巢里蹿出来的是麻雀。雄斑鸫却没有出来。雌斑鸫绕着鸟巢慌乱地飞，惊慌失措地叫唤着。我担心雄斑鸫的安危，就朝鸟巢里看了看。雄斑鸫还没有死，不过浑身无力。鸟巢里放着两个鸟蛋。雄斑鸫在巢里躺了很长时间。它飞出来时，还是无比虚弱。它落在地上，有几只母鸡来追它。我很担心它的安危，就把它带回家了，捉苍蝇给它吃。到了晚上，我又送它回鸟巢。七天过去了，我朝鸟巢里看了看，一股腐烂的气味散发出来。在巢里，我看见雌斑鸫在孵蛋。雄斑鸫躺在墙边一动不动。它死了。我不

【设置悬念】
两只鸟为什么打架？设置悬念。

【叙述】
转折句。

【侧面描写】
暗示雄斑鸫已经死了。

能确定是麻雀的再次攻击，还是在第一次战斗后，雄斑鹟因伤势严重而死。当我把雄斑鹟的尸体掏出来时，雌斑鹟并没有飞出来。最终，它还是把小鸟孵出来了。

●发自沃洛佳·贝科夫

森林里的战争(续一)

还记得特约记者在采伐迹地上所写的报道吗？他们一直守候着，等着采伐迹地变成一片青绿，小枞树生长出来。

这一天终于来到了。几场温暖的春雨之后，在一个阳光灿烂的清晨，采伐迹地一片葱绿。有哪些家伙从土里钻了出来呢？仔细一看，并不是小枞树！冒出来的是一大帮凶悍的野草，它们如此厉害，竟抢了小枞树的先机。它们是莎草和拂子茅，生长密集又快速。就算小枞树现在如何拼命地从土里往外钻，最终还是晚了：野草大军完全占领了采伐迹地。第一场战斗打响了！小枞树用它那锋利的树梢，艰难地拨开头顶密密麻麻的野草。野草们也拼命地往小树身上压。战斗既打响在地面，又打响在地下。野草和树木的根，像针一样在往地下深入。为了抢夺营养丰富、充满盐分的地下水，它们拼命地抗争着，互不相让。因此，许多小枞树一直未能见到阳光。在地下，它们被像细铁丝一样结实的草根给扼杀了。不过那些幸运地钻出地面的小枞树，正面对着野草茎那让人窒息的拥抱。野草紧紧勒住小枞树结实的树干。小枞树本想用尖树梢拨开那富有弹性的、缠在一起的野草茎。不过，野草根本不让小枞树钻到上面沐浴阳光。仅在几个地方，有几棵小枞树幸运地钻到了野草大军的头顶。

【叙述】
“终于”表明了时间之漫长以及记者们期待的心情。

【叙述】
突出野草生命力顽强的特点。

【运用修辞手法】
比喻贴切、形象，表现野草和树木的根坚牢的特点，也表现了两者之间“战斗”的激烈。

当采伐迹地上的战斗升温的时候，河对岸的白桦树才刚开花。还好，白杨树已经做好了远行的准备，它们将在河对岸登陆。白杨树的葇荑花序张开了。每一个葇荑花序里，都飞出了好几百颗带白色刷毛的小种子(单腿小伞兵)。在每位小伞兵的头上都有一顶白色的小降落伞。风兴奋地抓住小刷毛。轻而薄的小刷毛，在空中不停地盘旋，像一朵白云被风吹到了河对岸。风放开了手，它们被均匀地撒在了采伐迹

【运用拟人】
“盘旋”一词，突出风大的特点及小刷毛的优美姿态。

地上，一直撒到枞树国的国界。单腿小伞兵们像一片片雪花，落到小枞树和野草的头上。只要下雨，它们就会冲入地下，渗入土里。就这样它们暂时消失了。时间飞逝，采伐迹地上的战斗并没有停止。但是，现在局势很明显，野草没有小枞树的胜算大。野草竭力想往高里蹿，没多久就停止了生长。而小枞树还在努力生长。现在，野草们的生活很不理想。小枞树那宽大的针叶树枝，覆盖到了野草的头上，野草失去了阳光。在阴暗处，野草不久就虚弱地趴在地上。不过这时，另外一支小白杨队伍也从土里冒出来了。它们成群地出现了，看起来有些惊慌，互相依偎在一起，身体发抖。它们来晚了，毫无力量与小枞树进行斗争。枞树把它那针叶树枝伸到了小白杨的头上，小白杨不得不蜷缩起身体。在阴暗处，它们不久就枯萎了。白杨树喜爱沐浴阳光，离开阳光就很难存活。看样子，枞树就要胜利了。这时，又来了一批新的敌国空降部队，降落在采伐迹地上。它们张开两只翅膀飞过来了，一落地，就躲进泥土里面了。它们是白桦种子。它们高兴地飞过了河，散落在整个采伐迹地上。我们的特派记者还不知道它们能不能战胜枞树。关于这个问题的相关报道，将在下一期的《森林报》上为大家呈现。

【运用修辞手法】以拟人手法表现野草在对小枞树的斗争中最终落败。

【运用修辞手法】拟人句，将小白杨的弱势表现出来了。

【过渡】过渡自然，引起下文。

集体农庄纪事

集体农庄的庄员们是非常辛苦的，他们播种完后，要把粪肥和化肥运到田里，给农田施肥，为秋播做好准备。接下来还要忙菜园里的活：先种马铃薯，再种胡萝卜、黄瓜、芜菁、饲用芜菁和甘蓝。亚麻这时也长高了，需要给它们除草了。小孩子也没有到处玩耍，而是在田里、菜园里、果园里忙碌，给大人打下手，协助大人播种、除草、修剪果枝等等。集体农庄里的活真是太多了！他们还得编完能用一年的白桦帚，因为要用白桦帚来洗澡。他们把白桦树枝和枝叶绑在一起，在洗澡的时候用来拍打身子，和我们洗澡用的丝瓜瓤有些相似。还要拔嫩荨麻：嫩荨麻可以用来做汤，用嫩荨麻和酸馍做的绿色菜汤太美味可口了。他们还用各种方法捕鱼：用钓

【引出下文】总起句，引出后文内容。

【感叹】集体农庄事情繁多。

鱼竿钓小鲤鱼、斜齿鳊、红鳍鱼、鳜鱼、鲈鱼、鳊鱼和鲔鱼等，撒下鱼簖和鱼梁捕鳕鱼和小梭鱼，用鱼饵捕捉鳜鱼、梭鱼和鳕鱼。晚上，他们用大捞网捕捞各种鱼。捞网就是一头绑着袋形网的长竿子，这是一种捕鱼工具。在夜晚，他们在河岸边装好捕捉龙虾的簖。然后，他们就坐在篝火旁，等待龙虾爬进簖里。大家一边等一边轮流讲故事，有搞笑的故事，也有恐怖的故事。早上，田公鸡(灰山鹑)停止在田里叫唤了。秋播的黑麦已经长到齐腰高了，春播的庄稼也长高了。

【设置悬念】留下悬念。

田公鸡还是生活在老地方，不过它不能叫唤了。它停在巢旁边，巢里有蛋，这时雌山鹑正在巢里孵蛋呢！所以现在它必须保持沉默，不然会带来危险：或是鹰闻声而至，或是小孩子或者狐狸跑过来，它们都是能捣毁鸟巢的可怕家伙！

【前后照应】与前文相照应，极言农庄杂事繁多。

刚一放假，我们的少先队员就开始协助集体农庄庄员们干活了。他们在田里除草，除害虫。他们干一会儿活，就休息一会儿。后面还有很多农活和琐碎的事情要做呢！就要收割庄稼了，他们要去拾麦穗，协助女庄员们捆麦子。

●发自森林记者安娜·妮基吉娜

新的森林

在我们国家的中部和北部地区，春季造林工作任务已经完成了，总共建成了大约十万公顷的新森林。今年春天，在苏联欧洲部分的草原地带和森林草原地带，每个集体农庄重新开辟了大约二十五万公顷的护田林带。并且，每个集体农庄还创建了大批苗圃，预计明年将可提供十亿多棵乔木和灌木树苗。到了秋天，我们国家的林场将再造几万公顷的新森林。

【叙述】国家对植树造林很重视。

●塔斯社

集体农庄新闻

逆风的帮助

突击队员集体农庄收到一封来自亚麻田的投诉信。小亚麻在信里写道，田里出现了名叫杂草的敌人。杂草太多

了，让它们没法生长。于是，集体农庄立刻派出女庄员去帮助亚麻。她们铲除了杂草，细心呵护亚麻。她们脱下鞋子，光着脚，谨慎小心地逆风前进。亚麻在女庄员的脚下，倒下去了，不过逆风把亚麻茎扶起来了。于是亚麻站起身来，好像刚才没有发生过任何事一样。现在，它们的敌人已经被消灭掉了。

【侧面描写】
侧面体现了女庄员的辛勤与细心。

第一次

这是今年第一次，把一群小牛宝宝放到牧场上去。它们很高兴，撅着尾巴，在青青的草地上奔跑跳跃。

在红星集体农庄的绵羊理发室里，十位有着丰富经验的剪毛工人，正在用电推子给绵羊剪毛。剪呀剪，绵羊全身的毛都剪下来了，绵羊好像脱掉了一层皮。

当那些剪完毛的绵羊妈妈们走到小绵羊身边的时候，小绵羊们惊奇地问："我的妈妈是哪个呀？"最后，在牧羊人的帮助下，每一只小绵羊都找到了妈妈。绵羊理发室接着又给下一批绵羊剪毛了。

【运用修辞手法】
用拟人手法，描述出绵羊剪完羊毛后的情形，富有情趣。

牲口的数量增多

集体农庄的牲口越来越多了。就在今年春天，就出生了无数只小马、小牛、小绵羊、小山羊和小猪。昨晚，小河村的小学生家畜饲养室里的牲口就增加了三倍。以前只有一只山羊，现在有了四只：山羊妈妈卡姆什卡和三只小山羊——库加、穆萨和施嘎利克。

美好日子就要来临了

果园里的好日子要来临了。草莓的花季过了，在樱桃树上，开满了白色的花，昨天梨树的花蕾开放了。过几天后，苹果树的花也要开了。

在集体农庄里，昨天番茄秧搬了新家，来到了池塘边的农田里。它们以前都生活在温室里。黄瓜秧成了它们的邻居。番茄，这些体格健壮的半大小伙子，就要开花了。黄瓜秧正躺在白色的封套里，只有小鼻尖露出来。土地妈妈保护

【运用修辞手法】
拟人句，写出了黄瓜的生长状态。

着它们，不让贪吃的鸟儿伤害它们。黄瓜秧能很快长高，追上番茄吗？

帮助六只脚的劳动者

【引出下文】
总起句，引出下文。

提到与农业相关的昆虫，大家马上就会想到一大群个儿虽小，但对庄稼来说十分可怕的敌人。我们竟然忘记了，在田里，其实有许多六只脚的小朋友帮我们干活。它们在给植物授粉的过程中，发挥着重要的作用。长翅膀的六条腿的昆虫有很多，比如蜜蜂、丸花蜂、姬蜂、甲虫、蝇类和蝴蝶等，它们为黑麦、荞麦、大麻、苜蓿和向日葵等植物授粉，将花粉从一朵花送到另一朵花。偶尔，这些小劳动者力量有限，不能将全部庄稼的授粉工作完成。这时，我们就得出马帮助它们了。我们用一根长绳当耙子，为黑麦、荞麦、亚麻和苜蓿等授粉。两人各拉住长绳的一端，从开花植物的梢头上拖过去，把梢头稍微压弯一点。这样，花粉才能从花上落下来，被风吹散到田里，或者沾到绳子上，最后被带到其他花上去。可以给向日葵这样授粉：先把花粉收集在一小块兔子毛皮上，然后把兔子毛皮里的花粉撒到所有正在开花的向日葵花盘上，就可以了。

【叙述】
转折句。

●发自尼·米·芭芙洛娃

【名师点拨】

这章主要描写了阳春三月到来，动植物们的生活变化及习性特点，描写生动，富有特色。

【回味思考】

1.水底音响收听装置的发明有什么意义？
2.花是怎样保护自己的花粉的呢？
3.雌山鹑孵蛋时，雄山鹑为什么不能叫唤？

搭窝月（夏一月）

各居其屋

现在，孵小鸟的季节到了。森林中的每个居民都给自己造了屋子。记者决定去了解一下：那些飞禽走兽、鱼和昆虫都居住在哪些地方？它们生活得又怎样？

【引出下文】
总起句，贯穿全文。

美丽的住房

现在，整个大森林，每个角落都没有空着。无论什么地方，都已经住满了动物。地上、地下、水上、水下、树枝上、树干中、草丛里、半空中等等全都住满了。聪明的黄鹂把住房盖在半空中。它盖房用的是大麻、草茎和毛发，编成的住房非常轻巧，像一个小篮子一样，只要把它高高地挂在白桦树枝上就行了。小住房里还有黄鹂的蛋。真是让人惊奇，在风吹动树枝的时候，蛋却不会打破。百灵、林鹨、鸦和许多别的鸟把住房搭在草丛里。我们记者最喜欢篱莺的窝。它的窝

【运用修辞手法】
比喻句，形象地突出黄鹂鸟巢的特征。

是用干草和干苔做成的，还有棚顶，门就开在侧边。

鼯鼠（松鼠的一种，在脚趾中间有一层薄膜相接）、木蠹贼、小蠹虫、啄木鸟、山雀、椋鸟、猫头鹰和许多其他的鸟在树洞里盖房子。鼹鼠、田鼠、獾、灰沙燕、翠鸟和各种各样的昆虫在地底下修建住宅。一种潜水鸟，它的巢漂浮在水面上，用沼泽地里的杂草、芦苇和水藻搭建而成。鸟儿生活在这只漂浮的巢里，好像乘着船一样，自在地在湖面上来回漂荡。河榧子和银色水蜘蛛在水底下建小房子。

【烘托】
侧面烘托潜水鸟的巢的奇特之处，引人遐想。

最好的住房

我们的记者希望找到一所最好的住房。当然，要找出一所最佳的住房，是有一定难度的！

【引出下文】
中心句，引出下文。

雕用粗树枝搭巢，面积最大，搁在粗大的松树上。黄头戴菊鸟的巢最小，仅仅小拳头那么大，还好它自己的身子还没有蜻蜓大。田鼠的住房设计得最有特点，有很多前门、后门和安全门。不管你花费多大力气，也休想在它的房间里捉到它。卷叶象鼻虫是一种带长吻的甲虫，它的住房是最精美的：它咬掉了白桦树叶的叶脉，等到叶子枯萎的时候，就把叶子卷成圆柱形，再用唾液粘牢固。雌卷叶象鼻虫就在这个精美的小房子里孕育后代。戴领带的勾嘴鹬和夜游神夜莺的住房是最简陋的。勾嘴鹬直接就把四个蛋产在小河边的沙滩上，夜莺把蛋产在小坑里或者树下的枯叶堆里面。它们不愿花力气去造房子。反舌鸟是篱莺的一种，对模仿人的声音和其他鸟的叫声很专业。它们的小住房是最漂亮的。小巢搭在白桦树枝上，由苔藓和薄薄的桦树皮做成。在别墅的花园里，它还捡到人们丢掉的彩色卡片，把它们编在巢上用作装饰。长尾巴山雀的小住房是最舒适的。因为它的身材就像一只盛汤用的勺子，所以它还叫作汤勺。巢的里层是用绒毛、羽毛和兽毛做成的，外层用苔藓粘牢。整个巢是圆形的，有点像小南瓜。一个小圆门，修在巢的正中间。河榧子幼虫的小房子是最轻巧的。河榧子是有翅膀的昆虫。当它们不飞行的时候，翅膀便收起来，盖在背上，正好能覆盖全身。河榧子的幼虫的翅膀还没长出来，赤裸着身体，没东西遮挡身

【叙述】
体现出田鼠的住房设计之精巧。

【前后呼应】
与“勾嘴鹬和夜游神夜莺的住房最简陋”相呼应。

【解释说明】
指明长尾巴山雀别名的由来。

体。它们生活在小河和小溪底。河榧子的幼虫先寻找到和自己的脊背差不多长的细树枝和芦苇，然后把做成的小圆筒状的沙泥糊在上面，接着倒爬进去。这很方便：全身藏进小圆筒里，在里面踏实地好好休息一下，没有人会看到它；或者，在河底，伸出前脚，扛着小房子，爬上一会儿。这所小住房很轻。有一只河榧子的幼虫，在河底，找到了一支扔掉的香烟，于是钻了进去，带着它到处游玩。银色水蜘蛛的住房最与众不同。在水底下的水草间，它先铺了一张蜘蛛网，接着浮到水面，用毛茸茸的肚皮收集一些气泡，放到蜘蛛网的下边。水蜘蛛就生活在这个空气流通的水下小住房里。

【过渡句】
引出下文对银色水蜘蛛的住房的描述。

还有谁会筑巢呢

我们的特约记者，找到了鱼巢和野鼠巢。刺鱼给自己造了一个真正的巢。一般是由雄刺鱼担当筑巢工作的。它只用分量重的草茎作为建筑材料，就算用嘴把草茎从河底衔到河面上，草茎也不会漂浮。雄刺鱼用草茎铺设墙壁和天花板，先用唾液固定好，再用一些苔藓堵住小洞。它还在巢的

【行为描写】
介绍雄刺鱼筑巢的过程。

墙上修了两扇门呢！小老鼠的巢，是用一些草叶和细细的草茎做成的。它把巢搭在圆柏树的树枝上，大概离地有两米高，跟鸟巢一模一样。

造房的材料

【引出下文】
总起句，引出下文。

森林里的住房，是用各种各样的材料建成的。歌唱家鸫鸟把朽木屑当作水泥，涂抹在圆巢的内壁。家燕和金腰燕使用自己的唾液，把烂泥粘成巢。黑头莺把细树枝用又轻又黏的蜘蛛网粘牢搭成巢。在笔直的树干上，鳾能倒立着上下活动。它住在一个大树洞里，为了避免松鼠闯入巢里，它就用黏土把洞口给密封起来，只留自己的身子刚好能挤进去的小洞。碧绿、棕色和蔚蓝三色相间的翠鸟，它造的巢很有意思。在河岸上，它挖了一个深深的洞，在小房间的地上铺上一层细鱼刺，于是，属于它的一张柔软的床垫就诞生了。

借别人的房子住

【引出下文】
总起句，引起下文。

如果谁要是不会建造房子，或不想费力去建房子的话，可以借别人的房子住。

比如，布谷鸟就把蛋下在鹡鸰、知更鸟、黑头莺和其他会做巢的小鸟的家里。树林里的黑勾嘴鹬，找到了一个老乌鸦巢，就在那里繁衍后代了。船柯鱼喜欢水底沙岸上的无主的虾洞。船柯鱼就在小洞里产卵。有一只麻雀把家选在了一个非常巧妙的地方。它先前在屋檐下筑了个巢，不幸被小男孩们捣毁了。然后，它又在树洞里造了个巢，然而它产的蛋又被伶鼬偷走了。最后麻雀把巢安在了雕的大巢里。雕的巢是用粗树枝搭成的，麻雀则把巢安在粗树枝之间，地盘相当大。现在，麻雀可以好好生活了，不用担心什么。大雕根本没有空理会这么小的鸟。那些伶鼬、猫和老鹰，甚至那些男孩子们，也不会再来捣毁麻雀的巢了，因为大家都不敢和大雕作对呀！

【照应前文】
照应前文，突出麻雀安家选址的巧妙。

【点题】
与题目相对照，麻雀借住别人的房子。

集体宿舍

在森林里，也会有集体宿舍。蜜蜂呀，黄蜂呀，丸花蜂

呀，蚂蚁呀，它们造的房子，可以容纳成百上千的住户。白嘴鸦则把果园和小树林当作自己的移民区，在那里做了无数个巢。鸥占领了沼泽地、沙岛和浅滩。在陡峭的河岸上，灰沙燕凿了无数个小洞，把河岸弄得千疮百孔。

巢里有什么

巢里有什么呢？当然是蛋，并且是各不相同的蛋。不同的鸟产下不同的蛋。勾嘴鹬的蛋点缀着大小不一的斑点；歪脖鸟的蛋是白色的，带有一丝粉红色。这是因为，歪脖鸟的蛋是在阴暗的树林里产下的，谁也看不见它。勾嘴鹬的蛋竟然直接下在草墩上，暴露在外面。如果它们的颜色是白的，那大家都会看到；还好它们是绿色的，跟草墩的颜色很相似。没准你没发现它们，会一脚踩上去。野鸭把巢筑在草墩上，也没有任何遮拦。它们的蛋差不多是白色的。野鸭诡计多，在它们离开巢的时候，会把自己肚子上的绒毛弄些下来，覆盖好蛋。这样的话，蛋就不会被人看到了。勾嘴鹬的蛋为啥一头是尖尖的，可猛禽兀鹰的蛋却是圆的呢？这个原因很简单：勾嘴鹬是一种小鸟，它的身子只有兀鹰的四分之一大。可是勾嘴鹬下的蛋却很大。它的蛋一头尖尖的，孵的蛋很容易放在一起，小头儿对着小头儿，这样依靠在一起，占的地方小。可是它是如何用它那小小的身体覆盖那么大的蛋，并且来孵它们的呢？为什么小勾嘴鹬的蛋差不多和大兀鹰的蛋一样大呢？这个答案，只有等到小鸟出蛋壳的时候，在下一期的《森林报》上阐述。

【自问自答】
采用设问并回答的方式，让人一目了然。

【叙述】
简要突出野鸭聪明、伶俐的特点。

【设置悬念】
留下悬念，引起读者的阅读兴趣。

森林中的大事

狐狸是如何迫使老獾离开家的

狐狸家遇到了祸事：它家的天花板塌了，小狐狸差点被压在底下。狐狸觉得事情不妙，要搬家了。狐狸来到了老獾家。獾挖了一个很棒的洞穴。东西入口各有一个，里面分布着许多小地道，是为了防备敌人进攻用的。它的洞很大，可以住下两家人。狐狸恳求獾分间房子给它住，可是獾拒绝

【叙述】
交代狐狸占领老獾的家的原因。

【叙述】
獾拒绝了狐狸，成为故事发展的导火索。

了。獾是个严肃的主人，很爱干净，爱整齐，不允许一点脏东西存在，所以它不可能让狐狸带着孩子住进来！狐狸被赶了出来。“好啊！”狐狸想，“你就这么无情呀！一定让你好看！”狐狸假装走到了树林里，实际上是躲在灌木丛后，等待机会。獾从洞里探出头来看了看，以为狐狸走了，才放心地从洞里爬出来，到树林里找蜗牛吃。狐狸溜进了獾洞，拉了一泡屎，把屋里弄得无比肮脏，然后跑了。獾回家一看，臭气熏天！它愤怒极了，“哼”了一声，离开洞，在其他地方又给自己挖了个洞。这正中了狐狸的圈套。它把小狐狸带过来，在獾洞里安逸地住下了。

【行为描写】
为了赶走獾，狐狸故意去弄脏它的家。

有意思的植物

池塘被一片浮萍密密地覆盖了，一些人称它为苔草。可是苔草和浮萍根本不是一回事。浮萍和其他植物很不相同，样子长得特别有意思。它的根非常细小，它的绿色小圆片浮在水面上，还带着一个奇怪的凸出物。这些凸出的小东西的形状就像小烧饼一样，原来这是浮萍茎部的枝。浮萍是没有叶子的，偶尔还会开出几朵花，不过这是非常难见到的。浮萍不需要开花，它的繁殖方式既快又方便。从小烧饼似的茎上，只要落下来一个小烧饼似的枝，繁殖的任务就完成了。浮萍生活得非常快乐，无忧无虑，悠闲自在。不过有野鸭游过的时候，浮萍或许会缠在野鸭的脚上，随着野鸭来到新的池塘里。

【外貌描写】
介绍浮萍的外形特征。

【解释说明】
浮萍的繁殖方式很简单。

●发自尼·米·芭芙洛娃

会变魔术的花

在草场上，在森林的空地上，绛红色的矢车菊绽放了。当我看到它时，就想起了伏牛花，因为这两种都是会变小魔术的花。矢车菊的花是一种结构复杂的花，由许多小花组合而成。它上面那些漂亮的、蓬松的犄角一样的小花，是一些不结子的空心花。真花藏在中间，是深绛红色的细管子。一朵雌蕊和几朵会变魔术的雄蕊，就躲在细管子里。如果你碰一下绛红色的细管子，细管子就会倒向一边，从小孔里喷出

【解释说明】
介绍矢车菊花的构成特点。

一点花粉来。再过些时间，你再碰它一下，它又会倒向一旁，还会喷出一团花粉来。

魔术的秘密

矢车菊的花粉可不是随便就喷出来的。只有在昆虫向它索要花粉的时候，它才会给。拿走的花粉不管是吃掉，还是沾在身上都没有关系，只要能够带一点给另一朵矢车菊就可以了。

【解释说明】
点明矢车菊授粉的秘密。

●发自尼·米·芭芙洛娃

行动敏捷的夜间强盗

森林里出现了行动敏捷的夜间强盗，林中的每个居民都忐忑不安。每个夜晚，总会丢失几只小兔子。小鹿、琴鸡、松鸡、榛鸡、兔子和松鼠等动物，每到晚上就吓得发抖。不管是灌木丛中的小鸟、树上的松鼠，还是地上的老鼠，它们都无法预料强盗会在哪里开始攻击。动作快速的凶手，一下子在草丛里，一下子在灌木丛里，一下子又从树上冒出来。有可能，凶手有很多个，或许还是一支强盗大军呢！前几天的一个晚上，獐鹿全家(一只雄獐鹿、一只雌獐鹿和两只小獐鹿)在林中空地上吃青草。雄獐鹿站在离灌木丛八步远的地方放哨，雌獐鹿带着小獐鹿在空地上吃草。突然，一个黑影从灌木丛里一闪而过，只一跳，就跳上了雄獐鹿的背。雄獐鹿倒了，雌獐鹿立刻带着小獐鹿向森林逃跑。第二天清早，雌獐鹿回到空地上一看，只剩下了雄獐鹿的两只犄角和四个蹄子。在昨天晚上，麋鹿也遭受了攻击。它穿过茂密的森林时，看到一根树枝上，长着一个奇形怪状的大木瘤。麋鹿在森林里算得上是勇敢的，它谁也不怕。它的一对犄角无比硕大，就连熊都不敢侵犯它。麋鹿走到那棵树下，本想抬起头仔细观察树上的木瘤。突然，一个恐怖的、三百公斤重的东西，一下子压在了它的脖子上。意料之外的袭击，把麋鹿的魂都给吓掉了。它使劲晃了下脑袋，把强盗从背上甩了下去，接着飞快地拔腿就跑了。所以，它也没来得及看清到底是谁袭击了它。我们这里的树林没有狼，何况，狼也不会爬树。这会儿，

【引出下文】
总起句，引出下文。

【动作描写】
突出夜间强盗的敏捷。

熊正懒洋洋地藏在密林里呢！熊也不会从树上扑到麋鹿的脖子上去呀！可是，这个神秘的强盗到底是谁呢？这个答案还没有找到。夜莺的蛋无缘无故地失踪了，我们的记者找到了一个夜莺的巢，在一个小坑里放着两只蛋。当记者走近的时候，雌夜莺飞开了。记者并没有乱碰鸟巢，只是仔细地记录下鸟巢的位置。过了一个小时，记者又回到了那个鸟巢，不过巢里的蛋已经消失了。过了两天，才查清蛋的下落：原来，雌夜莺害怕人们会来捣毁鸟巢，把蛋转移到别的地方去了。

【设置悬念】
留下悬念，引人入胜。

【叙述】
结尾揭开谜底，交代夜莺的蛋去了哪里。

勇敢的小鱼

我们已经描述过水底下的雄刺鱼做巢的模样。雄刺鱼把巢造好之后，就给自己选了位雌刺鱼做妻子并带到家里去。刺鱼妻子从前门进去，产下了鱼子，马上就从另一边的门逃走了。于是，雄棘鱼又带回第二位妻子，接着是第三位、第四位……不过这些刺鱼夫人只留下它们产的鱼子，最后都逃走了，留给雄刺鱼来照料。家里堆满了鱼子，雄刺鱼不得不留在家里看守它们，因为河里的许多家伙都喜欢吃新鲜鱼子。可怜的小个子雄刺鱼，必须要保护自己的家，不让可怕的水底怪物欺负自己的鱼子。在前不久，贪吃的鲈鱼就闯进了它的家。小个子主人勇猛地扑了上去，和那个怪物进行了一场搏斗。它把身上的五根刺(背上三根，肚子上两根)全都竖起来，对准鲈鱼的鳃刺去。原来鲈鱼满身都披着厚实的鱼鳞铠甲，只有鳃部没有防护措施。当然，鲈鱼被小刺鱼的勇敢吓坏了，就急忙溜走了。

【设置悬念】
留下悬念，引人深思。

【行为描写】
“竖”字，将雄棘鱼勇敢无畏的特点表现出来了。

凶手是谁

(参见《行动敏捷的夜间强盗》一文)

在今天晚上，树上的松鼠被谋杀了。我们仔细检查了凶杀现场，根据凶手在树干上和树底下留下的脚印，推测出这个神秘的强盗是谁。前段时间就是它害死了獐鹿，闹得整个树林里惊恐不安。根据脚印，我们判断凶手就是我们北方森林里的“豹王”——凶残的“林中大猫”——猞猁。小猞猁长大了。这时猞猁妈妈带着它们，在林子里到处转悠，在树上

【引出下文】
故事起因。

爬来爬去。深夜，它的双眼和白天一样明亮。要是谁在睡觉以前没藏好，那可就要遭殃咯！

【解释说明】
突出猞猁在夜间视力良好、敏锐的特点。

勇敢的刺猬

玛莎醒得很早，她飞快地穿上衣服，光着一双脚就往树林里跑。树林里的小山冈上长着许多草莓。玛莎很快就采了一小篮，转身往家里跑。露水沾湿了草墩。一路上，她一蹦一跳的，一不小心脚底下一滑，痛得大叫。因为她的一只光脚从草墩上滑下去，被某个尖东西扎出血了。只见一只刺猬蹲在草墩下。它立刻把身子缩成一团，“呼，呼”地叫起来。玛莎坐到旁边的草墩上，用衣服擦掉脚上的血，哭了起来。刺猬没有声响。突然，一条背上刻有锯齿形黑条纹的大灰蛇，直接朝玛莎爬过来了。这条蝰蛇含有剧毒！玛莎吓得全身发抖。蝰蛇越爬越近，发出咝咝的叫声，吐着它长长的舌头。突然，刺猬挺直了身子，飞快地朝蝰蛇跑去。蝰蛇抬起前半身，就像根鞭子一样抽打过来。刺猬赶紧敏捷地竖起身上的刺挡过去。蝰蛇咝咝地狂叫起来，想转身逃跑。这时，刺猬猛扑到它身上，从背后咬住它的头，用爪子攻击它的背。玛莎清醒过来，一跃而起，跑回家了。

【解释说明】
交代玛莎痛得大叫的原因。

【运用修辞手法】
比喻贴切、生动，突出蝰蛇身形细长、有力的特点。

蜥蜴

我在森林的树桩旁，抓到了一只蜥蜴，带回了家。我把一只大玻璃缸里面铺上了沙土和石子，把它养在里面。我每天给它换水、放草，还放苍蝇、甲虫、幼虫、蛆虫和蜗牛给它吃。蜥蜴贪婪地咀嚼着，毫不客气地吞食着。它最喜欢吃生长在甘蓝丛里的白蛾子。它迅速将头转向白蛾子，张开嘴巴，伸出它那叉子一样的小舌头，接着跳起来，向那美味的食物扑去，就像小狗扑向骨头一样。有一天清晨，在小石子之间的沙土里，我看到十来只白色的椭圆形小蛋，蛋壳又软又薄。蜥蜴挑了个能沐浴阳光的地方孵蛋。过了一个多月，小白蛋破壳了，十来只机灵的小不点儿蜥蜴钻出来了，它们长得和妈妈一个模样。这会儿，这家人都爬到小石头上，正懒散地沐浴着阳光呢！

【运用修辞手法】
比喻形象，将蜥蜴吃白蛾子的过程写得很逼真。

●发自森林记者谢斯嘉科夫

小燕雀和它的妈妈

现在，我家的院子里一片葱绿。我在院子里散步，这时我脚底下飞来了一只小燕雀，它的头上长着犄角一样的绒毛。它飞了起来，又落下了。我捉住它，把它带回了家。父亲让我把它放到开着的窗户前。还不到一小时，小燕雀的父母就飞来喂它了。就这样，它在我家里住了一天。夜晚，我关了窗户，把小燕雀放进了笼子。第二天清晨五点钟左右，我醒过来了，只见在窗台上，小燕雀的妈妈嘴里衔着一只苍蝇蹲在窗台上。我立马打开窗户，然后躲到屋角悄悄观看。不一会儿，小燕雀的妈妈又飞来了。它落在窗台上，小燕雀叽叽喳喳地叫起来了，它想要吃东西了！燕雀妈妈这才决定飞进屋子里，跳到笼子旁边，隔着笼子给小燕雀喂食。随后，它又飞去找新的食物了。我把小燕雀拿出来，放到院子里。过了不久，我再去看小燕雀时，它已经不在了，燕雀妈妈把它带走了。

【外貌描写】简要介绍小燕雀的特征。

【作铺垫】燕雀妈妈给小燕雀喂食，为后面的情节发展作铺垫。

●发自贝科夫

金线虫

在江河、湖泊和池塘里，甚至在普通的深水沟里，有一种神秘的生物，它叫金线虫。老人们说，金线虫是马的复活的毛发。人在游泳时，它会钻到人的皮肤里，在皮下游来游去，让人感觉非常痒。金线虫像是粗糙的棕红色毛发，更像是用钳子钳断的一截金属线。它坚硬无比，要是把它放在石头上，用一块石头敲打它，它毫不害怕，还一会儿伸长，一会儿缩短，一会儿缩成小巧的一团。事实上，金线虫是一种无头的软体虫，不会危害人类。雌金线虫的肚子里都是卵。它们的卵会在水里，长成一种有角质的长吻和钩刺的小幼虫，接着它们依附在水栖昆虫的幼虫身上，甚至钻进幼虫的身体里，像寄生虫一样寄生在幼虫里面。要是最后它们的“主人”没有被水蜘蛛或者昆虫吞到肚子里去，那么它们的生命就完结了；如果有幸能进入到新“主人”的身体里，它们就在里面变成没有头的软体虫，出来以后钻入水里，吓唬那些有迷信

【解释说明】介绍金线虫的习性特征。

【解释说明】引入话题，介绍有关金线虫的科学知识。

【叙述】有趣极了！让人不禁对这种软体虫产生兴趣。

思想的人。

枪击蚊子

达尔文国家自然保护区修建在半岛上，雷宾海就在旁边。这是一个新形成的奇特的大海，不久前这里还是一片森林。海很浅，一些地方还凸着树梢。海里是温暖的淡水。不计其数的蚊子在海水里繁衍。在科学家的实验室里、食堂里和卧室里聚集了无数小嗜血鬼，让大家吃不好、睡不好，工作也干不好。夜晚，每个房间里都传来枪声。发生什么事了？原来是枪击蚊子。枪筒里装的自然不是子弹，也不是铅弹。弹筒里先装入少许打猎用的火药，用填药塞压实，再撒入昆虫制成的杀虫粉，从上面使劲压紧，避免药粉撒出来。射击时，杀虫粉的细粉尘在房间里到处飘，不放过每个角落，杀死了所有的蚊子。

【设置悬念】
设置悬念，引起注意。

一位少年自然科学家的梦

一位少年自然科学家在用心准备一篇将在班里作的名叫《跟森林和田园里的害虫作斗争》的报告。以下两段是他读到的："为了利用机械和化学方法与甲虫作斗争，一共花费了13700万多卢布。用手捉了1301万只甲虫。要是把这些甲虫装在火车里，813个车厢都可以装满。""为了和昆虫战斗，每一公顷土地上要消耗二十到二十五个人的劳动时间。"这位少年自然科学家看得头晕目眩。那一串串数字像蛇一样，跟着由许多零组成的大尾巴，在他的视线里扭动。他只好去睡觉，做了一夜噩梦：黑幽幽的森林里连续不断地爬出来一队队甲虫、幼虫和青虫，它们穿过田地，把他包围起来，缠住他；他用手打死了一些虫子，还用带杀虫药水的水龙带浇它们，然而还是有无数的虫子向他涌过来，它们经过的地方，都变成了一片荒漠。这位少年自然科学家被噩梦惊醒。到了早上，他发现事情没有梦中那么可怕。少年自然科学家在报告里提议，在过飞禽节前，大家应该制作好许多椋鸟屋、山雀巢和树洞形的鸟巢。鸣禽具有捉虫的本领，比人厉害多了，而且它们还很乐意这样做呢！

【运用修辞手法】
比喻句，突出了甲虫数量庞大的特点。

【侧面描写】
转折句，侧面烘托虫子力量巨大。

请试试

据说，要是在四处拉有铁丝网的露天养禽场上，或在没有顶盖的笼子上，拉几根绳子，那么猫头鹰，甚至雕鸮在扑向生活在铁丝网或者笼子里的飞禽之前，会先落在绳子上休息一下。在猫头鹰眼里，绳子相当坚固。然而它要是落到绳子上，就会摔个大跟头，因为绳子太细了，并且拉得不够紧。它摔倒以后，会一直倒挂着直到第二天早晨。这种姿势下，它是不敢展开翅膀的，否则会有摔到地上的危险。等到天一亮，你就可以去把这个家伙从绳子上拿下来。请试试是不是这样的。还可以用粗铁丝代替绳子。

【解释说明】
说明猛禽能以这样一种特殊方式被捕获的原因。

天上的大象

天空飘来一片片乌云，和大象特别相似。它时不时地伸出长鼻子甩向地面。只要“大象”的鼻子一碰地，地上马上就扬起一片尘土。尘土像根柱子一样旋转，旋转，越来越大，最后和天上的大象鼻子相连了，变成了一根不断旋转、连接天地的大柱子。大象抱着大柱子，又向前行进着……大象来到了一座小城的上空，待在那里一动不动。突然，它的身上喷出了大雨点。这可真是倾盆大雨！房顶和人们头上撑开的伞，响起了噼里啪啦的声音。你猜猜，到底是什么敲得它们发出噼里啪啦的声音？是蝌蚪、小蛤蟆和小鱼！在大街上的小水塘里，它们活蹦乱跳的。随后人们恍然大悟，这片大象似的乌云，得力于龙卷风(从地下卷到天上的旋风)的帮忙，在一座森林中的小湖里饮足水，把水里的蝌蚪、蛤蟆和小鱼带着一起，在天上飞行了很远，然后把战利品全部都丢弃在小城里，接着又继续向前飞奔。

【动作描写】
言语活泼、俏皮，将乌云的特点表现出来了。

【解释说明】
揭开谜底。

绿色的朋友

以前，我们的森林无比宽阔。然而，以前的森林主人(地主)不负责任，不去保护森林和爱护森林。他们不停地砍伐树木，滥用土地。那些被砍光的森林，出现了沙漠和峡谷。农田的附近没有了森林的保护，旱风从遥远的沙漠袭来。热

【解释说明】
一针见血，指明原因。

烫的沙子淹没了农田，庄稼都被烫死了。这些庄稼没有任何屏障的保护。江河和湖泊的岸边失去了森林，也慢慢开始干涸，峡谷慢慢地向农田延伸。还好，现在的人们是勤劳的，他们开始亲自管理自己的财富。人们开始向旱风、旱灾和峡谷宣战了。就这样，绿色的朋友——森林，成了我们的好帮手。裸露的江河、池塘和湖泊需要保护，为了避免它们受烈日的烘烤，我们把森林派往那里。森林挺起那勇士般的身躯，用枝叶茂盛的身体，保护着江河、池塘和湖泊，避免它们被太阳烘烤。在有农田的地方，为了避免它们受旱风的侵袭，我们就造林。凶狠的旱风，从遥远的沙漠里卷来热沙，覆盖耕地。森林这位勇士挺起胸膛，抵挡住凶狠的旱风，像一道屏障一样保护着农田。峡谷迅速扩大，贪婪地侵蚀着我们农田的边缘，我们也会造林去保护它们。这位绿色的朋友将坚实有力的根深深地伸入大地，使土地稳牢，挡住到处乱窜的峡谷，禁止它啃食我们的耕地。征服旱灾的战事正在进行着。

【引出下文】
转折句，起着“柳暗花明又一村”的效果。

【运用修辞手法】
语言生动、形象，赞扬了森林的巨大作用。

重新造林

以前，季赫维斯基地区的一些森林，被砍得光秃秃的，现在正在重新造林。在两百五十公顷的土地上，种植了松树、枞树和西伯利亚阔叶松。在两百三十公顷树木已被砍光的土地上，再次翻土地，让残留树木结的种子落在地上，更快地发芽。在十公顷的土地上，种植了西伯利亚阔叶松，从树苗里长出了茁壮的小芽。种植阔叶松，有利于大幅度地增加列宁格勒州森林里贵重的建筑木材的产量。还开辟出一个苗木场，培育了许多可用作建筑木材的针叶树和阔叶树。还计划培育许多果树和可以提供橡胶的一种名叫疣枝卫矛的灌木。

●塔斯社列宁格勒讯

【引出下文】
总起句，引起下文。

森林里的战争(续二)

野草和小白杨跟小白桦的命运差不多，它们都被枞树摧残死了。现在，枞树在那块采伐迹地上没有敌人了。《森林报》记者卷起帐篷，搬到了另外一块采伐迹地。前年，林业工

【引出下文】
与题目相对应，引出下文。

人在那里砍伐过树木。在那里，他们看到了枞树侵占者在战争开始后第二年的情况。枞树种族十分强大，然而，它们也有两处不足。首先，它们扎在土里的根，虽然伸得远，却扎不深。在秋天，在宽阔的采伐迹地上，狂风呼啸，导致许多小枞树从土里被连根拔起，躺在地面上。第二，小枞树长得不够健壮，非常怕冷。小枞树上的芽，全冻死了；瘦弱的树枝也被寒风吹断了。到了第二年春天，在那块被枞树征服的土地上，没有一棵小枞树存在。枞树并不是每年都结种子。因此，虽然它们起初占领了这个地方，不过地位并不稳固。在很长一段时间内，它们被赶出了战斗的行列。那些坚强的野草，第二年春天刚钻进土壤，就再次投入了战斗。这一次，它们必须跟小白杨、小白桦战斗。然而，小白杨、小白桦都已经长高了，毫不费力地就把那些富有弹性的纤细野草踩在脚

【承上启下】

转折句，承上启下。

【运用修辞手法】
比喻句，既形象又生动。

下。野草包裹着它们，对它们非常有益。陈年枯草，就像一条厚实的毛毯覆盖着大地，腐烂后散发出热量；新生的青草，覆盖着刚出世的娇嫩的小树苗，以免它们受到危险的早霜的袭击。小白杨和小白桦生长飞快，低矮的青草很难追上它们，它刚一落到后面，立刻就看不到太阳了。当小树长到比青草高的时候，立刻就会伸展开树枝，覆盖着小草。白杨和白桦没有枞树那样的浓密黝黯的针叶，可是，这没关系，它们的树叶很宽，树荫浓郁。要是小树的叶长得稀疏的话，野草还能坚持住。不过，在整个采伐迹地上，小白杨和小白桦都生长得很茂密。它们默契地进行着战斗，把像手臂的树枝连起来，依偎在一起，可以算是一顶密集的树荫帐篷了。在树荫底下的小草，没有阳光的照射，很快枯萎死了。过了不久，我们的记者看到，第二年的战争以白杨和白桦的胜利而结束。于是我们的记者又换到了第三块采伐迹地上去进行观察了。他们在那里的所见所闻，将在下一期的《森林报》上报道。

【运用修辞手法】
拟人手法、比喻手法的连用，生动地突出了白杨、白桦的生长状况。

【设置悬念】
结尾处留下悬念，激发读者的阅读兴趣。

祝你垂钓都很准

在夏天，大风和雷雨把鱼儿赶到深坑、草丛和芦苇丛这些避风的地方了。要是碰上连续几天天气都不好，那所有的鱼都会游到最僻静的地方，毫无精神，什么也不想吃。天气炎热，鱼就往凉快的地方游，钻到那些泉水叮咚、河水冰凉的地方。烈日炎炎的时候，鱼儿只有在早晨凉爽和傍晚暑气稍退时，才会上钩。在干旱的夏天，河水和湖水的水位变低，鱼儿只好游到深坑里去。不过，深坑里的食物根本不够吃。因此，钓鱼人只要找对了地方，钓的鱼就很多了，尤其是在你用诱饵钓鱼的时候。麻油饼是最佳的诱饵。首先把它放在平底锅里煎一下，再用咖啡磨或研钵捣烂，再与煮烂的麦粒、米粒或豆子搅拌在一起，或者撒在荞麦粥、燕麦粥里，这样，诱饵就会散发出喷香的麻油味。鲫鱼、鲤鱼和其他许多鱼，都很喜欢这种味道。你一定要天天撒这些喂它们，使它们产生依赖性，喜欢这个地方，然后像鲈鱼、梭鱼、刺鱼和海马这些食肉鱼也会跟着游过来。

【叙述】
提醒广大热爱钓鱼的朋友，要用麻油饼来做诱饵。

短暂的小雨或雷雨，会使河水变凉，大大增强鱼的食欲。雾散开以后，天气转晴，鱼也特别容易上钩。每个人都可以根据晴雨表、鱼上钩的程度、云层、日出后驱散的夜雾以及露水，来学习预测天气变化。鲜艳的紫红色霞光，表明空气中积满了水蒸气，可能会下雨。相反，淡金红色的霞光表明空气干燥，近几个小时不会下雨。除了用带浮漂和不带浮漂的普通钓鱼竿以及绞竿钓鱼外，还可以乘小船，边划船边钓鱼，只要准备一根结实的长绳子(大概五十米长，在手拉处接一段钢绳或牛筋)，再准备一条假鱼。把假鱼拴到绳子上，拖在离小船大约 25 ~ 50 米的地方。小船上坐两个人：一个人划船，一个人拉绳子。把假鱼拖在水底或水中走。像鲈鱼、梭鱼和刺鱼这类猛鱼，看见假鱼在头顶游过，误认为是真鱼，猛地一口吞下，这样就牵动了绳子。捕鱼人感觉到绳子在晃动，知道有鱼上钩，就可以慢慢拉回绳子。用这种方法捕的鱼，一般是大鱼。在湖边，灌木丛生的陡峭河岸下的深坑里，在芦苇和草丛附近的水域里，是用假鱼和长绳子钓鱼的最佳场所。在河里划船，要沿着陡岸或者深水且平静的水面划；要躲开石滩和浅滩，在相对它们或上或下的位置划。划着小船钓鱼的时候，一定要轻轻的，特别是在无风的日子里，因为就算桨只是轻轻地碰一下水面，鱼在大老远都能听见的。

【叙述说明】
经验之谈，指明鱼易上钩的时间。

【举例子】
举例说明捕鱼的方法。

【承上启下】
承上启下。

捕虾

五月、六月、七月这几个月，是捕虾的最佳时机。捕虾人应该掌握虾的生活习性。小虾是由虾子孵化出来的。虾子出生之前，躲在雌虾的腹足里(河虾有十只脚，最前面一对是钳子)和尾巴下半部分(出于礼貌，通常把它称为虾颈部)。每只雌虾最多怀有一百粒虾子，雌虾是怀着虾子过冬的。初夏，雌虾孵化出像蚂蚁一样大的小虾。古代，一般认为只有最聪明的人，才知道虾在哪里过冬。不过，现在每个人都知道虾是在河岸和湖岸上的小洞穴里过冬的。虾在出生后的第一年，要换八次甲壳(这是它的外骨骼)；成年后，就一年换一次。脱掉旧甲壳后，光着身子的虾懒洋洋地躲在洞里，直

【引起下文】
引出下文对虾的生活习性的介绍。

【叙述】
介绍虾产卵的时间。

到新甲壳长硬了才肯出来。好多鱼都喜欢吃脱了甲壳的虾。虾是夜游动物，白天躲在洞里。但是，当它感觉到有猎物出现时，就算是在太阳底下，也会蹿出洞来捕捉。这时，就会看见一串串气泡从水底冒上来，这是虾在呼气。小鱼、小虫等这类水下小生物都是虾的捕捉对象。然而，它最爱吃腐肉。在水下，大老远它就能闻到腐肉的气味。捕虾人通常用一小块臭肉、死鱼或死蛤蟆当诱饵。夜晚，虾游出洞，头朝前在水底来回觅食。这是最好的捕虾时机。（虾只有在逃跑的时候，才会往后倒着游。）把诱饵系在虾网上，把虾网绷在两个直径 30 ~ 40 厘米的木箍或铁丝箍上。一定要绷紧了，不能让虾一进网就能把网内的腐肉拖走。人站在岸上，用细绳把虾网系在长竿的一端，把虾网浸入水中。在虾多的地方，虾聚集到网中的速度是很快的，进去了就出不来了。还有一些更复杂的捕虾方法。但是最简单且收益最大的方法是：在水浅的地方光着脚走进河里，找到虾洞，用手抓牢虾背，把虾拖出洞。没错，这样的话手指头可能会被虾钳住，但是，这并不可怕。况且，我们没建议胆小鬼们用手捉虾呀！

【叙述说明】关键句，指出捕虾的最好时机。

【叙述】语言幽默、轻松，给胆小的人以警示。

集体农庄纪事

黑麦长得比人高了，已经开花了。一只田公鸡（山鹑）在那里面散步，就像在森林里散步一样。雄山鹑带着雌山鹑，它们的小宝宝跟在身后，就像小黄球一样不停地滚：原来小山鹑已经孵出来了，还跑出了巢。集体农庄庄员们正忙着割草。有些地方用镰刀割，有些地方用割草机割。割草机挥舞着翅膀驶过草场。芳香多汁的牧草，在它后面一排排倒下了。菜地里的畦垄上，碧绿的葱长高了。孩子们在拔葱。女孩和男孩一起去采浆果。这个月初，在阳光照射的小山坡上，美味的草莓成熟了。这时正是草莓生长最旺盛的时节。

【运用修辞手法】比喻形象、逼真，写出了小山鹑宝宝走路时的可爱模样。

【叙述】突出割草机割草效率高的特点。

树林里的黑莓果也快熟了，覆盆子也快熟了。在林中长满苔藓的沼泽地里，桑悬钩子结满籽儿，从白色变成红色，又从红色变成了金黄色。你想吃什么浆果，就采什么浆果吧！

孩子们本想多采点，不过家里还有很多活要干呢！要提水给菜园子浇水，还要除掉菜畦里的草。

【名师点拨】

这章主要描写的是夏天初来时，动植物丰富多彩的生活状况及变化特点，描写生动，富有层次感。

【回味思考】

1.哪种动物的住房是最舒适的？
2.浮萍是如何繁殖的？
3.金线虫对人有危害吗？

繁衍月（夏二月）

森林中的大事

森林里的孩子们

在罗蒙诺索夫城外的原始森林里，生活着一只年轻的雌麋鹿。今年，它生了一只小麋鹿。在森林里，还有一只白尾巴雕的巢，巢里住着两只小雕。黄雀、燕雀和鸦鸟各孵出五只小鸟。蚁䴕鸟，啄木鸟科，它的羽毛是淡银灰色的，夹着褐色细纹，以蚂蚁和蛹类为食，是一种益鸟。它孵出了八只小鸟。长尾巴山雀孵出十二只小鸟。灰山鹑孵出了二十只小鸟。在刺鱼的巢里，每一颗鱼子只孵出一条小刺鱼。一个巢里总共有一百来条小刺鱼。而一条鳊鱼产的子，可以孵化出好几十万条小鳊鱼。一条鳘鱼的孩子多得数不清，估计有几百万条吧！

【介绍说明】
介绍蚁䴕鸟的外形特征及生活习性。

没人照顾的孩子

鳊鱼和鳘鱼对孩子一点都不关心。它们生完鱼子之后，就离开了。它们对鱼子的孵化、小鱼如何生活、如何找食物吃等事情毫不关心。试想，要是你有几十万个或几百万个孩子，你不这样怎么办呢？不可能每一个都照顾到！一只青蛙只有一千多个孩子，就算这样，它也不关心孩子！没错，没有父母关心的孩子，生活是艰难的。水下有许多贪吃的怪物，它们特别喜欢吃美味的鱼子和青蛙卵、鲜嫩的小鱼和小蛙！一想真是可怕，在小鱼、蝌蚪长大的过程中，它们会遭受多少困难和危险，它们当中会有多少只被吃掉啊！

【引出下文】
中心句，引出下文。

【反问】
反问句，引人思考。

称职的父母

【总领下文】
中心句。

麋鹿妈妈和所有的鸟妈妈，都是非常称职的妈妈。麋鹿妈妈为了保护它的独生子，随时准备牺牲自己的生命。当大熊想进攻小麋鹿的时候，麋鹿妈妈会前后脚一起进攻。这样的攻击让熊知难而退，再也不敢进攻小麋鹿了。在田野里，蹿出来一只小山鹑，它一看到《森林报》的记者，就钻到草丛里躲了起来。记者们捉住了小山鹑。小山鹑啾啾地尖叫着。这时山鹑妈妈跑了出来。当它看见自己的孩子被人捉在手里时，就一边咕咕直叫，一边扑了过来；接着又摔倒在地，翅膀耷拉着。记者们以为它受伤了，立刻扔下小山鹑，追它去了。山鹑妈妈一瘸一拐地在地上走着，好像一伸手就可以捉到。谁知只要一伸手，它就躲到旁边。追了一会儿，忽然，山鹑妈妈展开了翅膀，若无其事地飞走了。记者又往回走去找那只小山鹑，小山鹑也消失得无影无踪了。原来山鹑妈妈是假装受伤，把记者们引走，好营救它的孩子。每个孩子都被它保护得那么好，因为它总共只有十二个孩子呀！

【动作描写】
“扑”“摔”体现出山鹑妈妈焦急、担心的心理。

【解释说明】
揭开真相。

鸟干活的时间

天刚蒙蒙亮的时候，鸟就开始起飞了。椋鸟每天要干 17 个小时的活，家燕每天干 18 个小时的活，雨燕每天干 19 个小时的活，朗鹟每天干 20 个小时以上的活。这些数字都经我一一核实过。它们每天必须干这么长时间的活！因为它们要喂饱自己的孩子，所以雨燕每天至少往家飞 30 ~ 35 次，给小鸟送食物。椋鸟每天至少要送大约 200 次，家燕至少要送 300 次，朗鹟要送 450 多次！整个夏天，它们消灭了不计其数的对森林有害的昆虫和幼虫。它们就这样孜孜不倦地劳动着！

【运用修辞手法】
以拟人句，赞扬这些鸟妈妈的辛勤劳动。

● 发自森林记者尼·斯拉得克夫

沙锥和鹬鹝孵出的小鸟

小鹬鹝刚钻出蛋壳时，嘴上有一个白色的小疙瘩，叫作“凿蛋壳齿”。小鹬鹝钻出蛋壳时，就是靠这颗牙齿凿破蛋壳

的。小鹈鹕长大后，会变成很凶残的猛禽，是啮齿动物的噩梦。但是，它现在还是很可爱的小家伙，全身毛茸茸的，眼睛眯成了一条缝。它非常虚弱，一刻也离不开爸爸妈妈。要是爸爸妈妈不给它喂食，它一定会饿死的。在这类小鸟中，有些小家伙是很健壮的，它们一出壳，就可以站起来了。它们可以自己去觅食，不怕水，遇见敌人会聪明地躲起来。看！这是两只小沙锥。它们刚钻出蛋壳才一天，就已经自己出去找蚯蚓吃了。为了让小沙锥在蛋壳里长得健壮些，沙锥下的蛋很大。我们刚才说过的小山鹑，它一出世，就会撒腿奔跑了。还有一种名叫秋沙鸭的小野鸭。它一出生，就立刻跌跌撞撞地走到小河边，跳下水，开始游泳了。它会潜水，在水面上做各种动作：伸懒腰、欠身，就像一只大野鸭一样。旋木雀的女儿很娇气。它要在巢里待整整两个星期，才飞出来，坐在树墩上。看它那副气鼓鼓的样子，它生气了，因为妈妈好长时间没给它喂食了。它出生已经快三个星期了，可还总是吱吱地叫着，要妈妈喂它青虫和别的食物吃。

【解释说明】说明成年鹈鹕的凶猛、残暴。

【过渡句】过渡自然。

【引出下文】引起下文。

海岛殖民地

在一个岛屿的沙滩上，有许多小海鸥在那里避暑。夜晚，它们睡在小沙坑里，每个小沙坑里可以睡三只。沙滩上这种小沙坑很常见，可以算得上是海鸥的大殖民地了。在白天，在老海鸥的带领下，小海鸥们学习飞行、游泳和抓小鱼。老海鸥一边教孩子，一边警惕地保护着它们。只要一有敌人靠近它们，它们就成群地飞起来，大声叫唤着扑向敌人，声势浩大，没有谁不害怕。就连海上的巨无霸白尾雕，闻声都会逃走。

【行为描写】海鸥们会保护自己，不让敌人侵犯。

雌雄颠倒

来自于疆域辽阔的祖国各地的人们给我们写信，说他们见到了一种稀奇的小鸟。在莫斯科周围，在卡马河畔，在波罗的海，在亚库金，在哈萨克斯坦，这些地方都有人见过这种鸟。这种鸟可爱、漂亮，和城里卖给年轻的钓鱼迷们的那种色彩艳丽的浮漂很相似。它们信任人类，就算人离它们只有

【叙述】说明这种鸟极为常见。

【运用修辞手法】
将鳍鹬与其他鸟类作鲜明的对比，突出它们与众不同的地方。

【点题】
描写鳍鹬雌雄颠倒的现象，与标题相对应。

五步距离，它们也照样会在离你最近的岸边游玩，没有一丝怕意。现在，其他的鸟都待在巢里孵小鸟，或者喂养雏鸟，而这些鸟则聚在一起，到处旅游。让人好奇的是，这些色彩艳丽的漂亮小鸟，竟都是雌的。其他的鸟都是雄的比雌的漂亮艳丽，它们却恰恰相反：雄的灰灰的，雌的色彩缤纷。让人更奇怪的是，这些雌鸟压根不关心自己的孩子。在遥远的北方冻原带上，雌鸟在小沙坑里产完蛋，就远走高飞了！雄鸟则待在那里孵蛋，喂养小鸟，保护小鸟。真是雌雄颠倒啊！这种小鸟名叫鳍鹬，属于鹬的一种。这种鸟到处可见，它们每天都在飞翔，一会儿在这儿，一会儿又在那儿。

可怕的小鸟

【外貌描写】
着重描绘第六只"鹡鸰"的外形特征，突出它的不同寻常。

【运用比喻】
比喻句，形象贴切，写出了雏鹡鸰被小怪物伤害时的状态。

瘦小柔弱的鹡鸰妈妈，在巢里孵出六只光溜溜的小鸟。五只小鸟模样生得很乖巧。可是第六只却长得很丑：全身上下皮肤粗糙，青筋暴露；有一个大脑袋，一双凸出的眼睛，眼皮耷拉着。它一张嘴，一定会把人吓得倒退三步：嘴巴像个无底洞，就像野兽的血盆大口！出生后的第一天，它静静地躺在巢里。当鹡鸰妈妈衔了食物飞回来时，它才费好大的劲抬起沉甸甸的大脑袋，张开大嘴，低声吱吱叫着："喂我吧！"第二天早上，鹡鸰爸爸和鹡鸰妈妈飞出去觅食。这时，小怪物蠕动起来。它低下头，把头抵住巢底，两腿叉开往后退。它的屁股撞到了它的小兄弟，就把屁股塞到小兄弟的身子底下，又把光秃秃的弯翅膀往后面甩。于是，它那弯翅膀像把钳子一样钳住了小兄弟。它就这样背着小兄弟使劲往后退，退到巢的边缘。它那瘦弱眼瞎的小兄弟在它那脊柱根的坑里不停地摇晃，就像盛在调羹里一样。丑八怪用脑袋和两脚把小弟弟越抬越高，抬到和巢顶一样高。突然，丑八怪挺直身子，往后猛地一甩，小兄弟就从巢里飞了出去。鹡鸰的巢建在河边悬崖上。那只小鹡鸰真是可怜，"啪"的一声撞在了砾石上，失去了生命。那凶恶的丑八怪也差点从巢里摔出来，它的身子在巢边不停地摇晃，还好它的大头分量重，使它的身子再次坠回了巢里。这种可怕而丑陋的行为持续了两三分钟时间。然后，这个丑八怪累了，就躺下来休息了大约

十五分钟。鹡鸰爸爸和鹡鸰妈妈这时候回家了。丑八怪伸着青筋暴露的脖子，抬起它的大脑袋，一副懵懂的样子，张开嘴巴，尖声叫起来："喂我吧！"丑八怪吃饱了，休息好了，又去迫害第二个小兄弟。这个小兄弟很难搞定：它拼命挣扎，不停地从丑八怪的背上滚下来。但是，丑八怪毫不相让……过了五天，丑八怪睁开了双眼，看见只有自己躺在巢里。它的五个小兄弟都被它害死了。在它出生后的第十二天，它的羽毛才长出来。现在一切都明白了：鹡鸰夫妇真是倒霉啊！它们抚养的竟是一只布谷鸟的弃婴。然而小布谷鸟可怜的样子，和它们自己那些死去的孩子太像了：它抖动着翅膀乞食，实在惹人怜爱。善良的夫妻俩不忍拒绝它，也不忍丢弃它，让它活活饿死。夫妻俩自己都吃不饱，还整天奔波；连自己的肚子都不能填饱，还给小布谷鸟送去肥壮的青虫。忙到秋天，它们才把小布谷鸟养大。可是，布谷鸟却飞走了，从那以后再也没来看望过养父母。

【行为描写】

突出丑八怪狡猾、可怕的一面。

【运用修辞手法】

以拟人手法，表现鹡鸰夫妻俩善良的本性。

小熊洗澡

一位我们所熟识的猎人沿着林中小河的岸边走，突然听见一阵树枝断裂的巨响声。他吓了一跳，慌忙爬上树。这时，一只棕色的大母熊从树林里走了出来，两只活蹦乱跳的小熊和一只一岁大的熊小伙子在后面跟着。熊小伙子现在暂时充当两兄弟的保姆。熊妈妈坐了下来。熊小伙子叼住一只小熊的后脖颈，把它放到河里洗澡。小熊放声尖叫，四脚不断挣扎着。然而熊小伙子一直不放，把它浸在水里，直到洗得干干净净为止。另一只小熊怕洗冷水澡，迅速地溜进树林里去了。熊小伙子追上去，打了它几巴掌，照样把它浸到水里洗澡。突然，熊小伙子一不小心，把小熊掉进了水里。小熊吓得放声尖叫！这时，熊妈妈迅速跳下水，把小熊拖上了岸，接着狠狠地揍了熊小伙子一顿，打得它干嚎起来。两只小熊上了岸，好像对洗澡挺满意的。烈日炎炎，它们穿着厚厚的、毛烘烘的皮外套，实在是热，在冷水里洗个澡，真是凉快不少。洗完澡后，熊妈妈带着孩子们，又回到了树林里。于是，猎人也爬下了树，回家去了。

【烘托气氛】

烘托紧张的气氛，引出下文。

【动作描写】

"尖叫""挣扎"，表现出小熊对洗澡这件事的厌恶。

浆果

【概括】
总体概括。

现在，各种各样的浆果成熟了。人们正在果园里采树莓、红醋栗、黑醋栗和酸栗。在树林里也能找到树莓。树莓是一种丛生的灌木。要是你走过一片树莓，碰断它干脆的茎是在所难免的，那时你就会听到脚底下发出一阵响。然而，这不会危害树莓的。现在长着浆果的茎，只能活到冬天。看，无数新鲜的茎从地下根里钻出来了，这是它们的下一代。它们毛茸茸的，满身细刺。明年夏天，就轮到它们开花结果了。在灌木林和草墩旁，在伐木场的树墩旁，越橘快要成熟了，浆果的一面已经红艳艳的。越橘的浆果一丛丛生长在茎梢上。有几棵越橘的浆果又大又沉，茎都被压得弯下来了，躺在了苔藓上。真想有这样一棵小灌木，栽培在自己的家里，看浆果会不会变得更大些。可是，目前人工栽培越橘的技术还没有成熟。越橘真是一种很有趣的浆果，它的浆果能保存一冬。吃的时候，只要用开水泡一下，或者研碎，浆液就会自动流出来。越橘为什么不会腐烂呢？原来它本身能防腐。它内含安息酸，安息酸可以避免浆果腐烂。

【外貌描写】
“弯”“躺”极言越橘果实又大又沉的特点。

【自问自答】
设问句，自问自答，揭示谜底。

●发自尼·米·芭芙洛娃

吃猫奶长大的兔子

今年春天，我家的老猫生了几只小猫，可小猫全都送了人。正好就在这一天，我们在树林里抓到了一只小兔子。于是，我们把小兔子放到老猫身边喂养。

老猫奶水充足，因此也很愿意喂养小兔子。就这样，小兔子吃着老猫的奶水慢慢长大了。它俩关系很好，就算睡觉也要抱在一起。更有意思的是，老猫还教会了小兔跟狗打架。一旦有狗跑进我们院子里，猫就扑上去抓它。小兔子也跟过去，举起两只前爪，朝狗身上疯狂击打，瞬间狗毛直飞。附近的狗都害怕我家的老猫和这只吃猫奶长大的小兔。

【叙述】
体现老猫和小兔的亲密关系。

蚁鴷鸟的诡计

我家的老猫看到树上有一个洞，就觉得那是鸟巢。它想

吃小鸟，于是爬上树，把头伸向树洞里望了望，只见几条小蝰蛇在洞底蜷曲蠕动，还发出“嗞嗞”的叫声！猫儿吓得魂飞魄散，忙从树上跳了下来，撒腿就跑！实际上，躺在树洞里的根本不是蝰蛇，而是蚁䴕鸟的孩子们。这是它们用来吓唬敌人的诡计。它们把脑袋来回转动，脖子来回扭动，就好像蛇在蜷曲蠕动一样。最厉害的是，它们还发出和蝰蛇一样的嗞嗞的叫声。没有谁不怕剧毒的蝰蛇，因此蚁䴕鸟模仿蝰蛇，以此吓跑敌人，保护自己。

【动作描写】

“魂飞魄散”“撒腿就跑”，表现猫儿的惊慌、恐惧的心理。

【解释说明】

揭示树洞里的真相。

躺在眼皮底下

一只大鹈鹕搜寻到一只琴鸡和一窝小黄琴鸡。它心想：哈哈，我有午餐吃了。它瞄准了目标，刚准备从高空扑下去时，却被琴鸡发现了。琴鸡尖叫一声，一瞬间小琴鸡就都不见了。鹈鹕到处张望，可是一只也没看到，就好像琴鸡钻进了地缝一样！鹈鹕只好飞走找别的食物去了。这时，琴鸡又尖叫一声，一群黄绒绒的小琴鸡在它的附近出现了。其实它

【侧面描写】
从侧面突出小琴鸡善于隐藏。

们只是身子紧贴着地面。要不你试试，看是否能从半空里区分开它们和树叶、青草以及土块！

可怕的花

在林中沼泽地的天空，有一只蚊子飞过。它努力地飞啊飞，累了，口渴了。它发现了一朵花：绿色的茎，茎上撑着一朵白色的钟形花，在茎下边的周围丛生着一片片圆圆的紫红色小叶子。小叶子毛茸茸的，一颗颗露珠在细毛上一闪一闪的。

【行为描写】
"蠕动"一词，表现花的奇特之处：它会吃掉蚊子。

蚊子落在了一片小叶子上，用嘴去吸露珠。可是露珠黏糊糊的，竟把蚊子的嘴粘住了。忽然，所有的细毛都蠕动起来，仿佛触须似的伸过来，抓住了蚊子。小圆叶子合拢了，蚊子被包在里面，消失了。等到叶子再次张开的时候，只剩下一张蚊子的空皮囊掉在地上，原来花儿吸干了蚊子身上的血。这真是一种可怕的花，它叫作毛毡苔。它会捉小虫吃。

水下战斗

和生活在陆地上的孩子一样，在水底下生活的孩子也喜欢打架。两只小青蛙跳进池塘，看见模样奇怪的蝾螈躺在里面。蝾螈的身子细长，脑袋很大，四条腿很短。"真是个可笑的怪物呀！"小青蛙心想，"应该和它战斗一场！"于是，一只小青蛙咬住了蝾螈的尾巴，另一只小青蛙咬住它的右前脚。两只小青蛙用力一拉，蝾螈的尾巴和右前脚拉到了小青蛙的嘴里，蝾螈吓得逃走了。过了几天，在水下，小青蛙又碰到这只小蝾螈。它已经变成了真正的怪物：在长尾巴的地方，却长出一只脚爪；在扯断了的右前脚的地方，却长出一条尾巴。蜥蜴也有这样的本领：尾巴断了，能再长出一条尾巴；脚断了，能再长出一只脚。可蝾螈在这方面的本领，比蜥蜴还厉害。但是，它们有时糊里糊涂的，在断了肢体的地方，会长出奇怪的东西。

【外貌描写】
介绍蝾螈的外形特征。

【外貌描写】
体现蝾螈的怪异之处。

水帮助播种

我给你们讲讲小植物景天开花时的样子吧！我很喜欢

这种小植物，最喜欢它那厚实饱满的灰绿色小叶子。小叶子密集地生在茎上，遮住了茎。景天的花也很漂亮，像一颗鲜艳的小五角星。不过，现在景天的花已经凋谢了，结了果实。果实也是一个个扁扁的小五角星，它们闭拢着，但这并不代表果子没有成熟。在有阳光的时候，景天的果实一直是闭拢的。现在，我只要从水塘里打点水，只要一滴水，就可以迫使它们张开来。看，水滴刚好滴在小星星的中间。这样我的目的实现了——果实的叶子张开了。看，种子露出来了。景天的种子不像其他许多植物的种子那样躲避水，相反，它们迎着水冲了上来。如果再滴上两滴水，种子会顺着水淌下来。水把种子带到其他地方，是水帮助景天传播种子。我见过一棵长在悬崖的岩石缝里的景天。是顺着石壁往下流的雨水，把景天的种子带到那儿播种的。

【运用修辞手法】比喻句，体现景天花的特征。

【解释说明】揭示景天的种子的特性。

●发自尼·米·芭芙洛娃

小矶凫学习游泳

我到湖里去游泳，看见一只矶凫在教它的孩子们游泳，并教它们怎样躲避人。大矶凫像只船似的漂浮在水面，小矶凫在潜水。小矶凫钻进了水里，大矶凫就在那里做警卫。最后，它们在芦苇旁钻出了水面，游到芦苇丛里去了。于是我开始游泳了。

【运用修辞手法】比喻句，突出大矶凫水性好的特点。

●发自森林记者波波夫

奇特的小果实

在菜地里生长着一种小草，它的果实非常奇特，它的名字叫荷兰牻牛儿苗。这种小草本身样子普通，毛糙不堪。它开的紫红色花，也稀疏普通。这时，一部分花已凋谢了，在每个谢掉的花瓣上竖起一个鹳嘴似的小东西。原来每个“鹳嘴”，是五粒小尾巴长在一起的小果实，这是荷兰牻牛儿苗毛茸茸的、闻名遐迩的小果实，它们极易被分开。它上面是尖尖的，下面仿佛是一条尾巴。尾巴尖像镰刀一样弯曲，底部呈螺旋形。这个螺旋受潮就会伸直。我把一粒小果实夹在两只手指中，吹一口气，它转动了，芒刺把手心挠得痒痒的。

【外貌描写】形象地描写了荷兰牻牛儿苗的小果实的特点。

【自问自答】
揭露谜底。

没错，它不是螺旋形的，已经伸直了。这种植物为什么要变这样的魔术呢？原来小果实在脱落的时候，戳在地上，用镰刀一样的尾巴尖钩住小草。在天气潮湿时，螺旋旋转起来，尖尖的小果实便旋进了土里。小果实已无路可走，于是它的芒刺往上戳立，顶住泥土，不让它退出来。真是太神奇了！植物自己也能播种下一代。过去，人们利用荷兰牻牛儿苗的果实来测量空气的湿度，显然，这种果实的小尾巴是无比灵敏的。人们把小果实固定在一个地方，于是它的小尾巴就像湿度计上的"指针"，旋转着，显示出空气的湿度。

【解释说明】
介绍小果实的用途。

●发自尼·米·芭芙洛娃

是不是小野鸭

【运用修辞手法】
以对比揭示这种小动物与小野鸭的不同之处。

我在河岸走着，只见水面上有一种像野鸭又不像野鸭的小飞禽。这是什么动物呢？野鸭的嘴是扁扁的，可是它们的嘴却是尖尖的。我飞快地脱下衣服，跳下水去追它们。它们害怕我，就游到了对岸。我追了过去，眼看就要追上了，它们却又往回逃了。我又追过去，它们又逃开了。它们一直这样逃来逃去。我真是累得喘不过气来，到最后还是没有逮住它们。再后来，我又见过它们好几次，但是，我没有再去追它们。原来它们并不是小野鸭，而是小䴙䴘。

【解释说明】
揭露这些小动物的真实身份。

●发自森林记者阿·库罗奇金

夏末的铃兰

(摘自少年自然科学家日记)

8月5日，我们在小河边的花圃里，种植了铃兰。这种五月盛开的花朵，还有个拉丁文名字，叫作"空谷百合"，是伟大的科学家林内取的名。在所有花中，我最喜爱铃兰。我爱它那小铃铛一样的花朵，细瓷般洁白素静；爱它那富于弹性的绿茎；爱它那清凉湿润的细长叶子；爱它那特别的清香！在我看来，整朵花都是那么的清纯和有朝气！春天，清晨我过河去采铃兰花，每天带回一束养在水里，这样，屋子里整天都散发着铃兰花的幽香。在列宁格勒周围，铃兰是在七月份开花的。

【运用排比】
用排比句，解释"我"喜爱铃兰花的原因。

这个时候，正是夏末。铃兰给我带来了意料之外的惊喜。我不经意间发现，在它们宽大的、末端尖尖的叶子底下，长出了淡红色的小东西。我趴在地上，拨开叶子一看，看到里面长着一颗颗略带椭圆形的橘红色的坚硬小果子。它们和花儿一样漂亮，好像在请求我把它们做成耳环，送给我的朋友。

【外貌描写】
描写小果子的形状、颜色、质地等特征。

●发自森林记者维利卡

蔚蓝和翠绿

8月20日，我起来得很早，向窗外一望，大吃一惊：青草完全变成了蔚蓝色，湛蓝湛蓝的！小草被沉重的露珠压弯了腰，全身晶莹透亮。如果你把白色和绿色这两种颜色混在一起，就会变成蔚蓝色。露珠抛撒在鲜绿色的青草上，使它染成了蔚蓝色。几条绿色的小径，穿过蔚蓝色的草丛，从灌木丛一直延伸到板棚。所有的麦子都存放在板棚里。一群灰山鹑，在人们熟睡时，跑到村子里来偷吃麦子了。看，它们正在打麦场上呢！淡蓝色的山鹑，胸脯上有着棕色的马蹄形斑块。它们的小嘴"笃笃"地啄着，快乐地忙活着！在人们还没起床之前，它们得抓紧吃点东西。往远处，就在树林边上，还未收割的燕麦田里也是一片蔚蓝。一个猎人手里举着枪，在那里来回巡视。我想，他一定是在等琴鸡。琴鸡妈妈经常带着它的一窝小琴鸡走出树林，到麦田里来吃富有营养的食物。琴鸡从蔚蓝色燕麦田里跑过，麦田便变成了绿色，因为琴鸡的奔跑碰落了露水。猎人一直没有开枪，因为琴鸡妈妈带着它那一窝小琴鸡，已经及时回到树林里了。

【运用修辞手法】
拟人手法，写出了清晨小草的姿态。

【运用修辞手法】
拟人手法，形象地写出了灰山鹑吃食时的状态。

●发自森林记者维利卡

森林里的战争(续三)

我们的记者来到第三块采伐迹地。十年前，林业工人们曾经在那里砍伐过树木。现在这块地还在白杨和白桦的掌控之中。胜利者们不放任何植物进入自己的领地。每年春天，野草都想从土里钻出来，但是它们很快就在多阴的阔叶帐篷下窒息了。枞树每隔两三年就结一次种子，每次它都会

【引出下文】
预示着森林战争的到来。

派一支新的空降部队登陆采伐迹地。不过，那些枞树种子都没能钻出地面，就被小白桦和小白杨扼杀了。年幼的小白桦和小白杨不是一天一天地长高，而是一个小时一个小时地长高。它们紧挨着耸立在采伐迹地上。有一天，它们终于感到拥挤了，于是它们之间发生了争斗。每一棵小树都想给自己多抢一点空间。每一棵小树都努力长宽，推挤着它们的邻居。采伐迹地上的树木互相挤推着，发生了一场混战。健壮的小树处于优势，因为它们的根更牢固，生长得更快。健壮的小树长高之后，就把它的树枝伸到旁边小树的头上，那些小树的阳光被挡住了。最后一批瘦弱的小树，没有阳光的照射，枯萎而死。就这样，矮小的野草终于有机会从土里钻出来了。然而，长高的小树已不怕它们了。就让小草在脚底下慢慢地挣扎吧，还可以帮它们取暖呢！然而胜利者们自己的种子，却落在这个阴湿的地窖里，失去了生命。枞树还是每隔两三年就分配一支空降部队到这片杂草丛生的采伐迹地上来，胜利者们根本没把这些小东西放在眼里。对胜利者来说，它们简直不值一提，就让它们在地窖里慢慢挣扎吧！小枞树终于从地底下冒了出来。在阴湿的地窖里，它们生活得很痛苦。还好有一丝生存的光线。它们长得瘦小纤弱。不过这也有好处，因为这里没有风摇晃它们，把它们连根拔起。每当暴风雨来临的时候，白桦和白杨喘着粗气，被风吹得直弯腰，而小枞树躲在地窖里很安全。这里非常暖和，有足够的食物。小枞树不会受到春季危险的早霜和冬季严寒的侵袭。地窖里的环境，跟赤裸裸的采伐迹地相比，大不一样。秋天，白桦和白杨的落叶在地上腐烂了，散发出热量，青草也散发出热气，只需耐心忍受地窖里一年四季的阴暗。小枞树不像小白桦和小白杨那样喜爱阳光。它们忍受着黑暗，不断地生长着。我们的记者很怜惜它们。接着，他们又来到第四块采伐迹地。我们在等待着他们的报道。

【叙述】
表现小白桦和小白杨的生长速度之快。

【行为描写】
“终于”一词，表现了野草迫不及待地想要长出来的状态。

【运用修辞手法】
拟人句，侧面烘托风大的特点。

【行为描写】
“忍受”一词，表现了小枞树的坚强。

集体农庄纪事

庄稼收获的时候到啦！我们集体农庄的黑麦田和小麦

田里，长着一片片一望无际的小麦。麦穗生长得非常好，有序地生长在那里。在每一棵麦穗里，都有许多麦粒。集体农庄庄员们的工作做得很到位！

【叙述】表现麦粒之多，也点明了麦粒的用途。

这些麦粒不久将汇集到一起，放进国家和集体农庄的粮仓。亚麻也成熟了。集体农庄庄员们正在农田里忙个不停呢！亚麻是用机器拔的，这样收起来可快多了！女庄员们则跟在拔麻机后面捆麻，把一排排倒下来的亚麻捆作一束束的。把十束合成一垛，亚麻堆成了垛。很快，亚麻田里仿佛排列着一队队驻守的士兵一样。山鹑只好拖家带口，从秋播的黑麦田搬到春播的田里去了。集体农庄庄员们正在收割黑麦呢！一排排饱满的麦穗，在割麦机的钢锯下弯下了腰。庄员们把麦子捆起来堆成了垛。这些麦垛竖在田里，就像运动会开幕式上的一排排运动员一样。在菜地里，胡萝卜、甜菜和其他蔬菜也成熟了。集体农庄庄员们把蔬菜通过火车站运进了城。这些天，城里的居民就能吃到新鲜美味的黄瓜，喝到用甜菜做的汤，吃到用胡萝卜做的馅饼了。集体农庄的孩子们到树林里采蘑菇和成熟的树莓以及越橘。在这些天，只要有榛子林的地方，就有一群群孩子。别想撵走他们，他们要采榛子，直到把口袋装得非常饱满。现在大人们无暇采榛子，他们要割麦、打麻，还要用速耕犁耕完所有的田地，因为秋播的时节马上就要到来了。

【运用修辞手法】巧用比喻，突出麦子的数量之多。

【行为描写】体现大人们收割庄稼时的忙碌。

森林的朋友

1941~1945年间在苏联进行的反对德国法西斯侵略者的战争期间，我国的森林被破坏得很严重。现在，各处林区都在积极重新造林。我国各中学的学生们在这方面都提供了很大帮助。要造一片新的松林，需要几百公斤的松子。三年来，孩子们总共收集了7.5吨松子。而且他们还帮忙锄地、照料苗木、守护森林、预防火灾等。

【行为描写】显示出孩子们在植树造林方面起着积极作用。

●发自森林记者查列夫

大家都在劳动

早上，天刚有些亮，集体农庄庄员们就开始去农田里干

活了。有大人的地方，就可以看到孩子们。在刈草场、农田里、菜地里，孩子们都在协助集体农庄庄员们劳动。快看，孩子们扛着耙子走过来了！他们迅速把干草耙到一块，接着装上大车，送到集体农庄的干草棚里去。杂草让孩子们总是不停地忙着：孩子们经常会给亚麻田和马铃薯田拔除香蒲、滨藜和木贼等杂草。到了拔麻的季节，孩子们赶在拔麻机前面，来到了亚麻地。他们拔掉了亚麻地四个角上的亚麻，这样拔麻机的拖拉机就更容易拐弯了。在收割黑麦的田里，孩子们也在不停地忙活。麦子收完后，他们把掉到地上的麦穗捡起来，放到一起。

【动作描写】
"耙""装""送"等词，显示出孩子们动作的娴熟。

●发自普斯科夫州斯拉夫科夫区

集体农庄新闻

麦田的消息传到了红星集体农场。麦子陈述说："我们生长得很好。麦粒成熟了，不久就会落下。不需要你们再照顾我们，也不用来看我们了。现在我们自己可以做好一切的。"集体农庄庄员们微笑道："似乎不是这么回事吧！不用来看你们？现在正是我们最忙的时候！"联合收割机开向了农田。联合收割机是干活的好帮手：它能割麦、磨麦和扬麦。当联合收割机开进麦田的时候，黑麦比人还高；在它离开麦田的时候，只留下低低的麦茬儿。联合收割机为集体农庄庄员们准备好了干净的麦粒。庄员们晒干麦粒，装进麻袋，再上缴给国家。

【语言描写】
"陈述"一词，以麦子的口吻向人类转述麦子自身的生长状态，颇有新意。

【运用修辞手法】
以对比突出联合收割机的强大功能。

●发自尼·米·芭芙洛娃

变黄了的马铃薯田

《森林报》的记者来到了红旗集体农场。他发现这个集体农场有两块马铃薯田，有一块稍大些，是墨绿色的；另一块则小一些，已经变黄了。这块田里的马铃薯茎叶也变黄了，好像活不久一样。记者非常想调查清楚这件事。后来他寄来了以下报道："昨天，有一只公鸡跑到变黄的田里。它刨松土，唤来了许多母鸡，叫它们吃新鲜的马铃薯。一位女庄员刚好路过，看见后笑了起来，对女伴说：'你看！公鸡是第一

【直接描写】
两块马铃薯田颜色不一，引人思考。

【解释说明】揭开马铃薯的茎叶变黄的原因。

个来收获我们早熟的马铃薯的。可能它已经知道我们明天就要刨开马铃薯了吧！’由此可知，茎叶变黄的马铃薯，原来是早熟的马铃薯。它成熟了，因此它的茎叶变黄了。而那一大块深绿色的田里，生长的是晚熟的马铃薯。”

森林短讯

【外貌描写】简要介绍卷边乳菇的外形特征。

在集体农庄的树林里，从土里钻出了第一只卷边乳菇。它是那么结实，那么肥厚。卷边乳菇的帽子上有个小坑，周边是湿漉漉的穗子。在上面有许多松针依附着。卷边乳菇附近的土稍微有些隆起。如果把这块土挖开，就可以找到许许多多大小不一、形状各异的卷边乳菇了！

捕杀猛禽

【叙述】作者善意的提醒，也说明猛禽的凶残。

捕杀有害的猛禽，一年四季都可以进行。打猛禽的方法很多。最简便的方法是在巢旁打猛禽。不过，这很危险。为了保护自己的孩子，高大的猛禽会吼叫着向人直扑过来。一定要在离它很近的地方开枪。枪法要既快又准，否则你的眼睛可就要遭殃了。不过，找到它们的巢不是一件容易的事。雕、老鹰和游隼都把住房搭在极其险峻的悬崖上，或者茂密的大树上。大角枭和大鹞鹰在岩石上，或者在茂密的树林里的地上搭巢。

偷袭

【叙述】点明雕和老鹰的捕食习性。

雕和老鹰喜欢停留在干草垛上、白柳树上或者单独屹立着的枯树枝上来寻找猎物。人们无法靠近它们。一定得实施偷袭才行，从灌木丛或者石头后面偷偷地靠过去。一定要用远射程的步枪和小子弹来打。

带上助手

【行为描写】介绍猎人打猛禽前的准备工作。

猎人总是带着大角枭，去打白天出现的猛禽。首先，他把木杆插在小丘的某个地方，然后，在木杆上安一根横木；在离木杆几步距离的位置，先插上一棵枯树，再在树旁搭个小棚子。第二天清早，猎人带着大角枭来到这里，把它系在木

杆的横木上，然后自己躲在小棚子里。不久，老鹰或者鸢看见这个恐怖的东西，就会向它扑过来。大家想报复一下大角枭这个夜间大盗。它们向大角枭一次次地扑过来，接着落在枯树上，朝这个强盗大声地尖叫。被绑着的大角枭，吓得全身发抖，眼睛一眨一眨的，嘴巴张开着，对猛禽束手无策。无比愤怒的猛禽没有留意小棚子的存在。这时，你只管开枪射击吧！

黑夜打猎

黑夜打猛禽是特别有意思的事。发现老雕和其他大猛禽飞去过夜的地方是很容易的。比如，在平整的地方，雕喜欢睡在单独的大树梢上。在一个漆黑的夜晚，猎人来到大树旁边。雕正在呼呼睡大觉，因此没有察觉到猎人已经走到了树下。于是，猎人打开预先充好电的强光灯手电筒，将耀眼的亮光向雕射去。雕被这道突然出现的亮光照醒了，眼睛眯着。它什么也看不见，什么也不明白，愣愣地坐在那儿发呆。猎人从树下向上望得一清二楚。他对准雕，开枪了。

【总领下文】
中心句。

允许打猎了

从七月底起，猎人们就迫不及待了：雏鸟、幼兽都长大了。不过州执行委员会还没有确定今年允许打猎的日期。这一天终于到了。报上说，今年从 8 月 6 日起允许在树林里和沼泽地打鸟兽。每个猎人早已装好了弹药，反复检查了猎枪。8 月 5 日那天一下班，各个城市的火车站上到处都是扛枪、牵猎狗的猎人。火车站上有各种猎狗！有尾巴像鞭子那样直的短毛猎犬和无毛猎犬，它们的颜色也各不相同：有白色掺杂小黄斑点的，有黄色带彩色斑点的，有棕色掺杂彩色斑点的；有白色为主，除了眼睛、耳朵、全身都带有大黑斑的；有深咖啡色的；有浑身乌黑发亮的。有长毛、尾巴像羽毛一样的谍犬，它们的颜色主要是以白色为主，其中又分为夹杂着泛着青光的小黑斑点的和带大黑斑的。有浑身火黄的，浑身火红的，几乎是纯红色的长毛猎狗。还有高个猎犬：它们非常愚笨，反应迟钝，毛色黑黑的，夹带着黄色斑点。这些猎

【叙述】
“终于”一词，充分表现出猎人们盼望打猎的急切心情。

【场面描写】
体现了打猎的人很多。

【外貌描写】
着重介绍了谍犬、长毛猎狗的外貌特征。

狗是为了夏天打刚离巢的野禽而喂养的，它们都经过训练，只要闻到飞禽的气味，就会一动不动，等待主人过来。还有一种长毛、短腿和短尾巴的矮小的猎狗，它的长耳朵就要垂到地上，是一种西班牙狗。它不会给你指引方向，不过带着它在草丛里、芦苇里打野鸭，或是在茂密的树林里打琴鸡，那是很有用处的。这种狗会把飞禽从水里、芦苇丛里、茂密的灌木林里或者任何地方撵出来，还会衔来被打死或者受伤的飞禽交给主人。大部分猎人都乘近郊火车下乡，每个车厢都有。大家会观看他们漂亮的猎狗。车厢里的一切话题都和野味、猎狗、猎枪、打猎相关。猎人们都非常自豪，他们偶尔骄傲地望望那些没带猎枪和猎狗的“平常人”。在6号晚上和7号早晨的火车上，这些乘客又回来了。然而，不是所有的猎人都流露出胜利的表情，有些猎人则背着瘪塌塌的背

【细节描写】

体现出人们对打猎的重视。

包。"平常人"面带笑容地欢迎着这些不久前的打猎高手。"你们打的野味在什么地方？""野味留在林子里了。""飞到海上送命了。"然而，一阵低低的赞叹声欢迎着一个从小车站上来的猎人：他背着一个饱满的背包。他不看任何人，只是自顾自地找座位，不久就有人给他让座了。他自豪地坐了下来，不过他那视力好的邻座已经在向全车厢的人大声说："啊？你这野味为什么全是绿脚爪？"他还毫不留情地掀开背包的一角。枞树的树梢儿露出来了。真是尴尬啊！

【行为描写】
猎人的"诡计"被识破，显得很尴尬。

【名师点拨】

文章以轻松的笔调，有层次有类别地报道了夏二月森林中动植物的生长变化及育雏状况。

【回味思考】

1.如果有敌人靠近，小海鸥们会怎么做？
2.越橘为什么不会腐烂呢？
3.有的马铃薯的茎叶为什么会变黄？

成群月（夏三月）

森林里的新习俗

【叙述】
介绍夏天鸟儿们的生活状态。

森林里的小鸟们已经长大了，钻出了鸟巢。在春天里成双成对、住在固定地盘上的那些鸟儿们，现在带着它们的孩子，在树林里过起了游牧生活。森林里的居民们相互拜访。就算猛兽和猛禽，也不再严守自己觅食的地盘了。树林里的野味很多，足够大家吃。貂、黄鼠狼和白鼬在树林里漫步。不管去哪里，它们都能轻而易举地找到食物：愚笨的小鸟、年幼的小兔、粗心大意的小老鼠……一群群鸣禽在灌木和乔木间来回穿梭。群有群的规定：互相帮助，团结友善。不管是谁，先看见敌人，一定要尖叫一声，或者吹声口哨，提醒大家，好让大家逃离危险。要是有哪只鸟遇到危险，大家都会大声尖叫，驱赶敌人。

【叙述】
介绍鸟群互帮互助的特征。

无数双眼睛、无数只耳朵在注视着敌人，无数张尖嘴巴准备打退敌人的进攻。鸟群的小鸟队员越多越好。小鸟在鸟群里必须遵守如下规则：行为举止要模仿大鸟。大鸟们不慌不忙地啄着麦粒，小鸟也要啄麦粒。大鸟们仰起头纹丝不动，小鸟也要仰起头学样子。大鸟们逃跑了，小鸟也要跟着跑。

【承上启下】
承上启下。

鹤和琴鸡都有一个真正的教练场地，以便孩子们学习。琴鸡的教练场在树林里。小琴鸡聚在一起，观看琴鸡爸爸的行为举止。琴鸡爸爸咕噜咕噜叫，小琴鸡也学着咕噜咕噜叫。琴鸡爸爸“丘呋！丘呋”地叫，小琴鸡也细声细气地学着叫。不过现在琴鸡爸爸和春天时叫得不一样。在春天时，它似乎在叫：“我要卖掉皮袄，我要买件外套！”现在似乎在叫：“我要卖掉外套，我要买件皮袄！”小鹤排着队飞到了教练场

【过渡】
过渡自然。

上，它们正在学习飞行时怎样保持正确的三角形队形。这是一定要学会的，因为这样长时间飞行才不会很累。老鹤的身体最棒，飞在三角形队列的最前面。作为全队的队长，它需要花很大的力气冲破气浪。当它飞累时，就退到队尾，由另一只健壮的老鹤代替它。小鹤跟着领头兵飞，头尾相连，整齐地扇动着翅膀。谁要是力气大点，就在前头飞；谁要是力气小些，就在后面跟着。三角形队列的尖头冲破了一个个气浪，就像小船用船头破浪前进一般。“咕尔，啰！咕尔，啰！”这是在发号施令：“听口令，飞到了！”于是，鹤一只接一只地落到了地上。这是田野当中的一块空地，小鹤在这儿练习跳舞和体操：又跳又转，跟着旋律做出各种灵巧的动作。它们还要练习最困难的一项：就是先用嘴叼一块小石子往上抛，再用嘴接住。它们时刻在为长途飞行做准备……

【场面描写】

描述鹤飞行的规则。

蜘蛛飞行员

要是没有翅膀，可以飞起来吗？得想办法呀！看，蜘蛛摇身一变，成了气球飞行员了。小蜘蛛从肚子里抽出了一根细蛛丝，挂到了灌木上。微风吹得细蛛丝来回摇晃，可怎么也吹不断它。细蛛丝和蚕丝一样坚韧。小蜘蛛站在地上，蜘蛛丝在树枝和地面之间飘着。小蜘蛛一直在抽丝。丝裹住了身体，小蜘蛛仿佛裹在蚕茧里一样，然而丝还在不停地抽出来。蜘蛛丝越抽越长，风刮大了。小蜘蛛用脚爪牢牢地支撑住地面。“一，二，三！”小蜘蛛迎风前进，咬断挂在树枝上的那头。一阵风刮着小蜘蛛离开了地面。它飞了起来！快点把缠在身上的丝解开！小气球升空了，在草地和灌木丛的上空飞翔着。飞行员心想：在哪儿降落好呢？经过树林和小河，继续往前飞！继续往前飞！看，谁家的小院？一群苍蝇正围绕在粪堆旁——好吧！在这里降落！

【开门见山】

以有趣的设问句开头，设置悬念，引出下文。

【行为描写】

描写了蜘蛛吐丝的过程，表现蜘蛛的不懈的精神。

于是，飞行员把蜘蛛丝绕到自己身底下，用小爪子把蜘蛛丝缠成了一个小团。小气球降低了。开始着陆！蜘蛛丝的一头挂在了草丛上，小蜘蛛落地了！它可以在这里过平静的日子了。许多小蜘蛛带着细丝在空中飞舞，这一般发生在秋天干燥晴朗的日子里。农民们这时就会说：“小阳春来

【运用修辞手法】
结尾处采用拟人手法，直言夏末秋初的来临。

了！”因为，那是秋的银发在空中飘舞。

森林中的大事

一只山羊竟然啃掉了一片树林

【设置悬念】
首句吸引读者注意，充满悬念。

听起来真可笑，真的，一只山羊啃掉了一片树林。这只山羊是护林员买的。他把它带回树林里，拴在草地的一截树桩上。半夜里，山羊挣脱绳子，逃走了。附近全是树木。它会去哪里呢？还好周围没有狼。护林员找了整整三天，也没找到。第四天，它自己回来了，“咩，咩，咩”地叫着，似乎在说：“我回来了！”夜晚，附近的一个护林员跑来说，这只山羊把他那个地段上所有的树苗都吃光了，啃掉了整整一片树林！小树苗完全没有防御能力，任凭牲口把它连根拔起吃掉。山羊爱吃细小的松树苗。它们仿佛小棕榈一样，模样生得英俊，下面是细细的小红柄，上面是扇形的柔软的绿针叶。可能山羊认为它们是最美味的吧！山羊不敢招惹大松树，它怕被刺得鲜血淋漓！

【外貌描写】
描写松树苗的外形。

●发自森林记者维利卡

草莓成熟了

生长在森林边上的草莓变红了。鸟儿找到红色的草莓果，衔着飞走了。它们将把草莓的种子播撒到远方。不过有一些草莓的后代还是生长在原地，和母亲长在一起。看，在这棵草莓旁，已经长出了匍匐的藤蔓。一簇丛生的小叶子和根的胚芽，生长在藤蔓梢上。旁边又是一棵。在同一棵藤蔓上，竟长着三簇丛生的小叶子。第一棵小植株已扎下了根，另两棵的梢头还未长好。藤蔓从母本植株向周围延伸开去。必须要在野草稀疏的地方找，才能找到上一年出生的子女的母本植株。就像这一棵：中间是母本植株，孩子们包围着它，一共有三圈，每一圈有五棵。草莓就是这样一圈圈地延伸扩展，占领土地的。

【外貌描写】
详细描述了草莓的生长状态。

●发自尼·米·芭芙洛娃

狗熊被吓死了

【设置悬念】
留下悬念，激发读者的阅读兴趣。

【场景描写】
描述大狗熊吮吸麦穗的场景。

一天夜里，猎人深夜才走出森林，返回村庄。他走到燕麦田边，发现麦地里有个黑影在闪动。什么东西？会不会是牲口走到了不该去的地方呢？仔细一看，天啊！竟然是只大狗熊。它趴在地上，两只前掌抱住一束麦穗，把麦穗压在身子底下吮吸着！它懒散地趴着，满足得直哼哼。显然，它觉得燕麦浆的味道好极了。猎人只带了一颗小霰弹，这原本是用来打鸟的。不过他是个勇敢的年轻人。他觉得："嘿！无论能不能打中，先打再说。决不能让狗熊糟蹋集体农庄的麦地！不打它，它是不会离开的。"他装上霰弹，"啪"的一枪，声音正好在大熊的耳朵边炸响。这意料之外的响声吓了狗熊一大跳。麦田边上有一丛灌木，狗熊就像一只飞鸟一样跃了过去。它摔了个大跟头，又爬起来，继续往森林里跑。猎人见狗熊的胆子如此小，不禁笑了起来，于是他也回家了。第二天，他觉得应该去看一看田里的燕麦到底被狗熊糟蹋了多少。于是，他来到昨晚那个麦田，看到熊粪一直延伸到了森林里，这是因为昨天狗熊吓得拉肚子了！他沿着痕迹走过去，竟发现狗熊躺在那儿死掉啦！奇怪，它竟然被意外的响声给吓死了。狗熊是森林里最强悍、最可怕的野兽，看来也只是浪得虚名罢了！

【动作描写】
"摔""爬""跑"，表现狗熊逃跑时的惊慌。

【叙述】
揭示狗熊的本质，原来强悍的狗熊也有虚弱的一面。

食用蘑菇

下过雨后，蘑菇又出现了。在松林里生长的白蘑菇(学名叫美味牛肝菌)是最好的蘑菇。它长得又肥又厚实，帽子呈深栗色。它们散发出的香味非常迷人。在林中道路两旁的低矮的草丛里生长着油菇，偶尔它会直接长在车辙里。它们小的时候像一只小绒球，样子很好看。好看是好看，不过却黏糊糊的，上面总是粘着枯树叶或是细草秆。松林中的草地上生长着松乳菇，颜色像火焰，老远就可以看见了。这种蘑菇实在是多！最大的和小碟子差不多大，帽子被虫子咬得都是洞，变成了绿色的了。中等大小，比分币稍大一点的蘑菇是最好的。这种蘑菇最厚实，它们的帽子中间是往下凹

【外貌描写】
介绍白蘑菇的特征。

的，边沿卷起。

枞树林里的蘑菇也很多。白蘑菇和松乳菇生长在枞树下，不过和松林里生长的不同。白蘑菇长着淡黄色的帽子，柄更加细长。这里的松乳菇跟松林里的长得一点也不像，它们的帽子上面是蓝绿色的，伴有一圈一圈的纹理，就好像树桩上的年轮似的。在白桦树和白杨树下，生长着不同的蘑菇，它们分别叫作白桦菇和白杨菇，学名分别叫作棕帽牛肝菌和橙盖牛肝菌。在离白桦树很远的地方，也有白桦菇生长。白杨菇却必须紧靠着白杨树，因为它只能在白杨树的根上生长。白杨菇的样子很好看，端雅大方，它的菇帽和菇柄就像雕琢的一样。

【解释说明】介绍白桦菇、白杨菇的生长习性。

●发自尼·米·芭芙洛娃

毒蘑菇

下过雨后，不少毒蘑菇也长出来了。食用菌通常是以白色为主的。但是，毒菇也有白色的。那你就要仔细观察了！这种白色的毒菇是最毒的一种。吃一小块毒白菇(学名叫毒鹅膏)，甚至比让毒蛇咬一口还可怕。它可以毒害人的性命。如果有人不小心吃了这种毒菇，很难恢复健康。还好它很容易辨认。它和一切食用菌的区别是：它的柄好像是插在细颈的大花瓶里一样。据说，很容易把毒鹅膏跟香菇混淆，因为它们的菇帽都是白的。但是，香菇的柄样子很普通，不会被误认为是插在细颈的大花瓶里。毒鹅膏最像蛤蟆菌，有人还把它叫作白蛤蟆菌。如果用铅笔把它画下来，很难认出，究竟是毒鹅膏还是蛤蟆菌。毒鹅膏跟蛤蟆菌一样，菇帽上有白色的碎片，菇柄上似乎带着一条小领子一样。还有两种危险的毒菇，都容易被当成白蘑菇。这两种毒菇分别叫作胆菇和鬼菇。它们和白蘑菇的不同之处是：它们的菇帽背后，不像白蘑菇是白色或淡黄色的，而是粉红甚至是红色的。另外，如果把白蘑菇的菇帽掰碎，它还是白色的；如果把胆菇和鬼菇的菇帽掰碎，它们起初变成红色的，然后又变成黑色的。

【叙述】转折句，引起读者注意。

【解释说明】点明了毒鹅膏和食用菌之间的区别。

【运用修辞手法】以对比手法详细介绍另外两种毒蘑菇与白蘑菇的区别。

●发自尼·米·芭芙洛娃

白野鸭

在湖中央，降落了一群野鸭。我在岸边观察它们。我惊讶地发现，在这一群生着夏季羽毛的纯灰色雄野鸭和雌野鸭中，竟有一只浅颜色的野鸭。它一直待在野鸭群的中间。我拿起了望远镜，仔细地研究了一番。它从头到尾都是奶白色的。在早上灿烂的阳光的照射下，它竟变得雪白耀眼，在那一群深灰色的同类中，特别引人注目。它的其他方面和别的野鸭基本相同。在我五十年的狩猎生涯中，这是第一次看见这种患了白化病的野鸭。患这种病的鸟兽，血液里缺乏色素。它们通体雪白，或者颜色非常淡，一生都是这样。它们失去了在自然界里具有救命功能的动物保护色，这种保护色可以使它们不至于太引人注目。我很希望打到这只稀奇的野鸭。是什么奇迹，让它没有死在猛禽的利爪下呢？但是，现在打不到它，因为这群野鸭在湖心休息，为的是不让人走近前去开枪。我有些心神不安了，只得等待机会，等在岸边时碰到这只白野鸭。我想不到，真有这样的机会。当我正沿着狭窄水湾的岸边走时，几只野鸭从草丛里飞了出来，那只白野鸭也在内。我飞快地朝它射击。不过，就在开枪的那一瞬间，一只灰野鸭用身体挡住了白野鸭。灰野鸭被打中了，摔了下来。白野鸭却和别的野鸭一起逃走了。这是偶然吗？是的！但是，那年夏天，我在湖中心和水湾里，还见过好几次这只白野鸭呢！它往往和几只灰野鸭一起走，好像一直处在它们的保护之下。普通灰野鸭会不由自主地把猎人的霰弹吸引到自己身上，让白野鸭在它们的保护下安全地飞走。我始终没能打着它。这件事发生在位于诺夫戈诺德州和加里宁州交界处的皮洛斯湖上。

【解释说明】简介白野鸭之“白”的缘由。

【设置悬念】留下悬念，引起读者注意。

【解释说明】揭示没打中白野鸭的原因。

●发自维·比安基

绿色的朋友

该种哪些树

最好用哪几种树来造新的树林呢？我们知道，为了造

【引出下文】开头发问，引出下文。

林，已选好了十六种乔木和十四种灌木，这些树木在我国各地都可以种植。最主要的树木有栎树、杨树、枵树、桦树、榆树、槭树、松树、落叶松、桉树、苹果树、梨树、柳树、花楸树、洋槐、锦鸡儿、蔷薇和醋栗等。孩子们应该了解并且能够牢记，为了开辟苗圃需要采集哪些植物的种子。

●发自森林记者彼·拉甫诺夫　谢尔盖·拉利昂诺夫

机器种树

种植很多树，只靠双手那可行不通啊！幸好机器也能种树了。人类发明并制造了各种复杂巧妙的种树机。这些机器不但能播树木种子，还能种植苗木，甚至是种植大树。有专门种植森林带的机器，有专门在峡谷边上造林用的机器，有专门挖池塘的机器，有专门平整土地的机器，甚至还有专门照料苗木的机器呢！

【解释说明】
突出种树机的功能强大。

新湖

在列宁格勒，河流、湖泊和池塘非常多，因此夏天不会太热。不过在克里米昌区，池塘稀少，根本就没有湖。仅有一条小河流经这里，然而一到夏天，连仅有的小河也干涸了，我们只要稍卷起点裤腿，就能赤脚过河了。过去，我们集体农庄的果园和菜地，时常遭受旱灾。现在果园和菜地再也不会缺水了。因为我们的集体农庄庄员们新挖了一个水库，这是一个非常巨大的湖，蓄水量可达五百万立方米。这个湖的水足够用来浇灌我们五百公顷的菜地，还可以养鱼、养水禽啦！

【引出下文】
过渡句，直接引起下文。

●第聂伯罗彼得罗夫斯克州克里米昌区少先队员
瓦·普龙钦科　列·卡巴特敏科

我们要帮助造林

我国人民正忙于伟大的建设。在伏尔加河、第聂伯河和阿姆河上，正在建造前所未有的水电站；用运河把伏尔加河和顿河连接起来；到处都在造保护农田免受沙漠恶风袭击的森林带。苏联全国人民都参加了共产主义建设。少先队员和小学生，也想帮助大人们做这项有意义的事业。每一

【点题】
总起句，与题目相照应。

【场景描写】
间接体现出少先队员热爱祖国、愿意为祖国做贡献的精神。

位少先队员都曾在同伴们面前宣誓，要做一名祖国的好公民。他们的责任就是要竭尽全力，亲手建设共产主义。不计其数的小栎树、小槭树和小梣树在伏尔加河沿岸站起来了，从草原的这头一直延伸到草原的那头。树苗还小，还没长结实，它们面临着许多敌人：害虫、小啮齿动物和旱风。我校的共青团员和少先队员们要帮助大人们保护小树，避免它们受到敌人的侵袭。一只椋鸟一天可以消灭两百克的蝗虫。如果这种鸟住在森林带附近，它们就会给森林造福。我们和乌斯契·库尔郡、普里斯坦等地的少先队员们一起，制作了350个椋鸟房，挂在了小树旁。金花鼠和其他啮齿动物给小树造成了很大的伤害。我们要和小朋友们一起消灭金花鼠：朝鼠洞里灌水，用捕鼠机抓住它们。我们要制造一批专门的捕鼠机。我们州的集体农庄将补种护田林带中未成活的小树，因此，他们需要大量的种子和树苗。今年夏天，我们将收集1000公斤种子。在乌斯契·库尔郡和普里斯坦各学校将开辟苗圃，为护田林带培育栎树、槭树以及其他树苗。我们将和农村的小朋友们一起组织少先队员巡逻队，保护林带，让它们免受践踏、损坏和火灾。所有这些都是我们少先队员应该做到的小事情。当然，要是苏联全国的少先队员和小学生都按照我们说的去做，我们祖国的造林任务将会进行得更加顺利。

【叙述】
点出椋鸟对保护森林的重大意义。

【叙述】
大家采取灭鼠措施，消灭金花鼠。

●萨拉托夫城第63中（男子七年制中学）全体同学

帮忙造林

【行为描写】
开头直接点明少先队员为造林所做的努力。

我们少先队员参加了造林活动。我们收集了各种各样的林木种子，交给了集体农庄和护田造林站。在校园的附属地块上，我们开辟出了一个小苗木圃，种植了橡树、枫树、山楂子、白桦和榆树。我们还采集了这些树的种子。

●发自少先队员嘉·斯米尔诺娃　尼·阿尔卡吉耶娃

园林周

【引出下文】
中心句，引出下文内容。

我国的各个城市和农村，决定每年举办一次园林周：在中部和北部各州，十月初举办；在南方各区，十一月初举办。

在筹备庆祝十月革命30周年的活动时，举办了第一届园林周，那时，新开辟了数千个集体农庄花园。在国营农场、农业机器站、学校、医院等机关的院子里，在公路和街道两旁，在集体农庄庄员、工人和职员的住房周围，新种植了几百万棵果树。看，少年林业家和少年园艺家为了迎接这个伟大的节日，献给国家一份多好的礼物！在今年的园林周前，国营苗木场已经准备好了几千万棵苹果树和梨树的树苗，以及大量浆果和观赏性植物的苗木。现在正是开辟新花园的大好时机。

●塔斯社

森林里的战争(续四)

以下是记者在第四块采伐迹地采访到的新闻。大约三十年前，这片森林被砍光了。瘦弱的小白桦和小白杨，都死在了强壮的姐姐们手中。这时，在丛林的下一层，只有枞树还活着。当枞树在阴影里慢慢生长的时候，强壮的白桦和白杨树继续在上面互不相让。历史又重演了：一旦哪棵树比旁边的树生长得高一些，就成了胜利者，就无情地扼杀失败者，失败者枯萎而死。这样，阳光透过树叶帐篷顶上新出现的窟窿，像瀑布一样飞泻而下，进入地窖，直接落到了小枞树的头上。小枞树吓得病倒了。要过一段时间，它们才会习惯阳光呢！它们慢慢恢复了健康，掉换了身上的针叶。这时，它们开始飞快地长高，敌人甚至都来不及补好头上的破帐篷。这些枞树是幸运的，最先生长到和高大的白桦、白杨一样高。其余结实多刺的枞树紧跟在后面，也把树梢尖伸到上头来了。胜利者白杨和白桦这才发现，它们让多么可怕的敌人住进了自己的领地！记者亲眼见证了这场仇敌之间的惨烈战争。一阵阵强劲的秋风刮起来了。秋风让挤成一团的树木焦虑不安起来。阔叶树扑向了枞树，用长手臂(树枝)拼命地鞭打敌人。就连平常说话颤抖的胆小鬼白杨，也挥舞起树枝，想跟黑黝黝的枞树战斗，扭断它们的针叶树枝。但是白杨是很差劲的战士。它们的身体没有弹性，没有粗壮的手

【开门见山】开门见山，以陈述的口吻讲述故事。

【承上启下】描述森林里“弱肉强食”的现象，承上启下。

【叙述】“惨烈”一词，渲染了森林战争紧张的气氛。

【运用修辞手法】以拟人手法，形象地表现了白杨“战斗”时的姿态。

臂。结实的枞树根本不把它们放在眼里。白桦就不一样了。它们身体健壮，力大无比，柔韧性又好。就算风不大，它们那富于弹性的、弹簧一样的手臂，也会摆动起来。如果白桦摇晃身子，那周围的树可得小心了，因为它的拥抱实在太可怕了！白桦和枞树展开了肉搏战。白桦用柔韧的树枝鞭打枞树，抽断了一簇簇的针叶。白桦一旦扭住枞树的针叶树枝，枞树的针叶就会干枯；白桦只要缠绕住枞树干，枞树的树梢就会枯萎。枞树可以击退白杨，却对抗不了白桦。枞树本身很坚硬，不容易折断，却很难弯曲：它们不能用僵硬的针叶树枝去缠绕别的树。记者没有看到森林里的战争的最后结果，因为要在这里住上很多年才能看到。因此，他们前去寻找森林里那些战争已经结束了的地方。在下一期的《森林报》上，将报道他们在哪里找到了这样的地方。

【过渡】过渡句。

【叙述】指出枞树在战斗中的弱点。

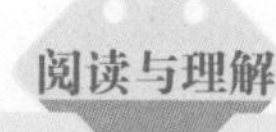

【名师点拨】

文中详细介绍了夏三月时，森林中动植物的生长状况及孩子们应如何帮助大人们造林。

【回味思考】

1. 鹤飞行的规则是什么？
2. 在白桦树和白杨树下，分别生长着什么蘑菇？
3. 胆菇、鬼菇与白蘑菇有什么不同？

候鸟离家月（秋一月）

森林中的大事

来自森林的第四封电报

那些身穿五彩华服的鸣禽都消失了。它们是半夜飞走的，我们没看见它们飞走时的情况。许多鸟儿更喜欢在夜间飞行，因为这样更安全。在黑夜，游隼、老鹰和其他猛禽不会攻击它们。在白天，这些猛禽都从森林里飞出来了，在半路上守候着！在深夜，候鸟也能找到飞往南方的航路。一群群野鸭、潜鸭、大雁和鹬等水禽出现在海上的长途飞行航线上。它们在春天休息过的地方休息。森林里的树叶正在变黄。兔妈妈又生了六只小兔子。这是今年最后一窝小兔了。它们又叫作落叶兔。到底是谁每天夜里在海湾内的淤泥岸上，画一些小十字呢？这些小十字和小点子遍布整个淤泥岸。我们在小海湾的岸边搭了一个小棚子，想要弄明白：到底是

【引出下文】
总起句，引出下文。

【叙述】
表明候鸟要飞往南方过冬了。

【设置悬念】
留下悬念，激发读者的阅读兴趣。

谁淘气地画这些东西呢？

告别歌

【行为描写】
介绍雌雄椋鸟的各自行动。

白桦树上的叶子，都差不多落光了。在光秃秃的树干上，被主人们丢弃的椋鸟巢，孤寂地晃荡着。忽然，不知从哪里飞来了两只椋鸟。雌椋鸟钻进巢里，开始忙碌起来；雄椋鸟栖在枝头休憩了一会儿，东张西望，接着哼起歌来！它唱得很轻，好像是唱给自己听一样。它唱完了歌，雌椋鸟也出了巢，飞快地向鸟群飞去。雄椋鸟也跟着飞走了。快到时间了，今天或明天，它们就要飞到很远的地方去了。现在，它们是来和小巢告别的。今年夏天，它们在巢里孵出了小鸟。它们不会忘记这个小巢，到明年春天还要到这里生活。

水上旅行

地上濒临死亡的小草在哼哼直叫。有名的飞毛腿长脚秧鸡，已踏上了漫漫长途。矶凫和潜鸭在海上长途航线上出现了。它们很少用翅膀飞行，经常潜进水

里捉鱼。它们就这样游啊游，游过了湖泊和港湾。它们不用像野鸭那样，要先在水面上稍微欠起身子，再猛地钻进水里。它们的身子无比灵巧，把头一低，再用桨一般的脚蹼使劲一划，就钻进深水里了。矶凫和潜鸭在水底自由自在地游着，任何一种猛禽都不能够在水下追到它们。它们游得非常快，甚至能和鱼比赛了。不过，比起飞得快的猛禽，它们的飞行本领就不行了。所以，它们不必飞到空中去冒险。哪里有水，它们就游泳。

【运用修辞手法】
与野鸭对比，介绍矶凫和潜鸭的水性。

林中巨人的鏖战

傍晚，从森林里传来短暂的、喑哑的吼叫声。这时长着犄角的林中巨人大公麋鹿从密林里走出来了。它们用发自肺腑的嘶哑的吼声向对手发出挑战。斗士们在林中空地上相遇了。它们用蹄子刨着地，让人害怕的是摇晃着的沉重的犄角。它们的双眼泛着血丝，低下长着大犄角的头，互相猛扑。犄角啪啪地相撞，钩在一起。它们用巨大身躯的全部重量猛撞对方，拼命想扭断对方的脖子。它们一下分开，一下又冲上去；一下子把身子弯到地，一下子又用后腿立起来，用犄角相互猛撞。笨重的犄角相撞的咚咚声在森林里回荡。原来这就是人们把公麋鹿叫作犁角兽的原因：它们的犄角像犁一样宽大。战败的公麋鹿，有些慌忙逃离；有些遭到可怕的大犄角的致命撞击，被扭断了脖子，鲜血直流地躺在地上。胜利的公麋鹿，用锋利的蹄子践踏对方。接着，雄壮的吼声又回荡在森林，犁角兽吹起了胜利的号角。一只无犄角的母麋鹿在森林深处等待它。胜利的公麋鹿成了这里的主人。它不让任何一只其他公麋鹿进入它的领地。它甚至还把年轻的小麋鹿给撵走了。它雷鸣般嘶哑的吼声，在很遥远的地方都听得见。

【场景描写】
详细描述麋鹿战斗的情景。

【解释说明】
解释“犁角兽”名字的由来。

最后一批浆果

在沼泽地上，蔓越橘成熟了。它们生长在泥炭的草墩上，浆果就长在苔藓上。从大老远，就可以看见浆果了，不过看不清它们生长在什么东西上。只有走到近处，才可以看

【外貌描写】介绍小灌木的外形特征。

见，在毯子一样的苔藓上，蔓延着像纤维一样细细的茎。茎两旁生长着坚硬的亮晶晶的小叶子。这就是一整棵小灌木了。

●发自尼·米·芭芙洛娃

在路上

【行为描写】描述候鸟飞行的状态。

每天夜里，都有一批有翅膀的旅客出发上路。和春天时极其不同，它们慢慢地静悄悄地飞着，停歇的时间很长。显然，它们不情愿离开家乡。候鸟飞走的次序和飞来时恰恰相反：先飞走的是色彩艳丽的、五彩缤纷的鸟儿，最后飞走的是春天第一批飞来的燕雀、百灵和鸥鸟；年轻的鸟先飞；燕雀是雌的比雄的先飞；身体健壮、耐力强的鸟儿，离开得慢一些。大部分鸟儿直接往南飞：飞向法国、意大利和西班牙，飞向地中海和非洲。有些鸟儿往东飞：经过乌拉尔，经过西伯利亚，飞往印度；还有的甚至飞往美国。

等待助手

【引出下文】总起句，引出下文。

乔木、灌木和青草，都在思考怎样安置后代。槭树枝上一对对翅果挂着。翅果已经开裂，等待风把它们吹落，散播开。草儿等待着风：它高高的长茎上，一串串蓬松的、真丝一样的灰色茸毛从干燥的头状花里露出来；香蒲的茎，顶梢穿上褐色的小皮袄，长得比沼泽地里的草还要高；山柳菊毛茸茸的小球，准备好在天晴的日子让微风吹去外套。还有许多别的草，小果实上生着或长或短，或普通，或羽毛状的细毛。

【叙述】点明植物安置后代的方式。

在庄稼收割完的田里，在路旁和沟渠旁，植物们已不是在等待风，而是等待着四条腿的动物和两条腿的人。这些植物里面，有牛蒡，它那带刺的干燥花盘里，盛满了带棱角的种子；有带着黑色三角形果实的金盏花，它最爱戳路人的袜子；有带钩刺的猪秧秧，它的小圆果实喜欢钩住人的衣服，只有用纤维布才能把它弄掉！

●发自尼·米·芭芙洛娃

秋天的蘑菇

现在森林里光秃秃、湿漉漉的，到处都是烂树叶的味道，

凄凉极了！蜜环菌是唯一能给人带来快乐的，让人看了很开心的生物。它们有些生长在树墩上，有些爬上了树干，有些生长在地上，好像离群索居似的。当然，采起它们来也是快乐的。就算光采菇帽，挑着采，几分钟就可以采满一小篮了。小蜜环菌的样子很漂亮：菇帽绷得很紧，像小孩头上戴着无边帽，下边围着一条白色的小围巾。过几天，帽子边会往上翘，变成一顶真正的帽子，围巾则将变成领子。菇帽上长着烟丝般的鱼鳞片。它是什么颜色的呢？是一种叫人愉悦的、安宁的浅褐色。小蜜环菌的菇帽下是白色的菇褶，老蜜环菌的是淡黄色的。你发现没？当老菇帽渐渐覆盖小菇帽的时候，小菇帽上好像扑了一层粉。你想："它们会不会发霉了？"不过马上你会明白："它们就是孢子呀！"是的，正是老菇帽撒下来的孢子。如果你想吃蜜环菌，必须要了解它们的特征。很多人往往会把毒菇当作蜜环菌。毒菇与蜜环菌模样很像，也生长在树墩上。但是，毒菇的菇帽下无领子，菇帽上无鳞片，菇帽的颜色是鲜艳的黄色或粉红色，帽褶呈黄色或浅绿色。毒菇的孢子是发黑的。

【运用修辞手法】以比喻的方式，将小蜜环菌的外形特征写得鲜活、逼真。

【设置悬念】留下悬念，引人思考。

●发自尼·米·芭芙洛娃

来自森林的第五封电报

我们在研究和思考，在海湾沿岸的淤泥地上，画小十字和小点子的到底是谁呢？

原来是滨鹬！布满淤泥的小海湾可以说是滨鹬的小饭店。它们在那里休息，吃东西。它们迈着长腿在柔软的淤泥上来回走动，留下了许多三趾分得很开的脚趾印。它们把长嘴深入到淤泥里，从里面拉出小虫做早餐，于是就留下了小点子。

【照应前文】照应前文，设置悬念，激发读者的阅读兴趣。

【行为描写】阐明小点出现的原因。

我们抓到了一只鹳，整个夏天它都在我家房顶上待着。

我们把一个很轻的铝制金属环套在它的脚上，环上刻着一行字：Moskwa，Ornitolog，Komitet，A，NO.195(莫斯科，鸟类学研究委员会，A组第195号)。然后，我们放掉了这只鹳，让它套着环飞走了。如果有人在它过冬的地方抓住它，我们从报道上会得到消息，知道这地区的鹳在哪里过冬。

森林里的树叶五彩缤纷，慢慢往下掉落。

●发自本报特约记者

【环境描写】
结尾处的环境描写，渲染了秋天的萧瑟气氛。

城市新闻

勇猛的袭击

在列宁格勒的伊萨基耶夫斯基广场上，一出勇猛袭击的好戏在过路人的眼皮子底下上演了。在广场上，一群鸽子飞了起来。突然，一只老鹰从伊萨基耶夫斯基大教堂的圆屋顶上冲了下来，向最边上的鸽子猛扑了过去。顿时一堆羽毛飞舞在空中。过路人看见，那群束手无策的鸽子各自飞到一幢大房子的屋檐下。老鹰用脚爪钩住了被啄死的鸽子，费力地朝大教堂的圆屋顶飞去。我们城市的上空，是鹰迁移的必经之路。这些生着翅膀的猛禽，喜欢在教堂的圆屋顶和钟楼上搭建强盗巢，因为这样可以方便快捷地搜寻猎物。

【场景描写】
"飞舞"一词，突出了老鹰和鸽子的战斗之激烈。

可怕的夜

在市郊，几乎每夜都令人惊恐不安。人们听到院子里的喧闹声，就从床上一跳而起，把头伸出窗外。究竟发生了什么事？在楼下，在院子里，家禽大声地扑腾着翅膀，鹅"咯咯"地叫着，鸭子"嘎嘎"地吵着。是黄鼠狼来吃它们了，还是狐狸钻进了院子里？可是，在石砌的围墙里，在房子的铁门里面，怎么会有狐狸和黄鼠狼呢？主人们巡视了院子，检查了家禽栏。一切正常。没有谁能钻进这带有坚固门锁和门闩的院子里来。或许只是家禽做了个噩梦吧！看，它们现在已经安静下来了。于是，人们又爬上床，睡觉了。然而过了一个小时，这些声音又响起来了。惊恐无比，乱作一团。到底怎么回事？发生了什么事？请打开窗户，屏息静听吧！在黑沉沉的天空上，星星一闪一闪的。大地一片寂静。不过，好像有一道若隐若现的黑影，一个接一个地在上空掠过，遮住了天上的金色星星。响起一阵时有时无的啸声。这种声音模糊不清，来自于高高的夜空。家鸭和家鹅马上醒了过来。这些鸟儿早已忘却了怎样飞翔，现在却出于莫名的冲动，一

【设置悬念】
留下悬念，引出下文。

【场景描写】
转折句，点出故事的转折点，引起人们的注意。

【动作描写】

“踮起”“伸长”，表现家鸭和家鹅激动的状态。

直扇动着翅膀。它们踮起脚尖，伸长脖子，伤心地叫呀叫呀。它们那些自由的野生姊妹们，在黑暗的高空和它们呼应。一群又一群长着翅膀的旅行家，从石头房子、铁房顶上空飞过。野鸭发出“噗噗”的声音。大雁和雪雁轻轻地你呼我应：“咯！咯！上路吧！离开寒冷和饥饿！上路吧！上路吧！”候鸟清脆的“咯咯”声在远处消失。可那些忘记飞翔的家鸭和家鹅，只能在石头院子的深处辗转反侧，夜不能寐。

【运用修辞手法】

比喻形象、生动，将寒风的凛冽表现出来了。

来自森林的第六封电报

寒冷的早霜降下来了。一些灌木就像被刀削过了一样，树叶纷纷飘落。蝴蝶、苍蝇和甲虫都藏在暖和的地方。候鸟中的鸣禽，急匆匆地飞过一片片丛林和小树林。它们感到有些饥饿了。只有鸫鸟没有为食物烦恼，它们成群结队地向一串串熟透的山梨扑去！寒风在光秃秃的树林里自由咆哮。树木都如沉睡般寂静。森林里再也听不到一只鸟儿的声音。

【总结】

突出森林里十分寂静的特点。

●发自本报特约记者

山鼠

正当我们挑选马铃薯时，有样东西从牲畜栏的地下“沙沙”地往外钻。接着一只狗跑了过来，在这附近蹲下，用鼻子使劲闻。但那小兽还在“沙沙”地往外钻。于是，狗开始刨坑，边刨边“汪汪”直叫，因为那小兽正朝着它这个方向钻呢！狗先挖了个小坑，看见了小兽的头顶。于是，狗又挖了一个大坑，把小兽从坑里拖了出来。小兽一直咬它。狗把小兽扔了出去，大叫起来。小兽和小猫一样大，灰蓝色的毛，夹杂着黄、黑、白三色。这种小动物我们叫它山鼠。

【行为描写】

描述狗挖小兽的情形，生动而鲜明。

●发自森林记者别兹美内依

喜鹊

【叙述】

体现“我”与小喜鹊之间关系的亲密。

春天，有几个农村孩子捣毁了一个喜鹊巢。我从他们手里买了一只小喜鹊。仅过了一天一夜，它就被驯服了。在第二天，它就敢在我手里吃东西、喝水了。我们又叫它“女巫

师”。它似乎很喜欢这个绰号，我们一叫，它便答应。等翅膀长齐之后，喜鹊就喜欢飞到门上去，站在门上面。在门对面的厨房里，放着一张带活动抽屉的桌子。抽屉里总放着一些食物。有时候，我们刚拉开抽屉，喜鹊就飞过来，钻进抽屉里，飞快地啄着那里面的东西。我们把它拖出来时，它还叽叽喳喳地舍不得出来。我去提水时，就喊一声：“女巫师，跟我走！”它就飞到我的肩上，跟我走。我们吃茶点的时候，喜鹊是最先忙碌起来的：抓糖，抓面包，有时还把爪子伸进滚烫的牛奶里。不过最搞笑的是，我到菜园里给胡萝卜地除草的时候，“女巫师”先蹲在菜垄上观察我如何干活，然后也学着拔菜垄上的草，照我的样子把绿茎拔起来，放到一堆。它在帮我除草呢！但是，它弄不明白该拔什么，经常把杂草和胡萝卜混在一起拔。它可真是个“好助手”啊！

【语言、动作描写】突出喜鹊的可爱、听话。

●发自森林记者薇拉·米赫耶娃

忍饥挨冻

天气转冷了，真是冷啊！炎热的夏天过去了，血液开始冻得快要凝住了，懒洋洋的。瞌睡难耐。整个夏天，长着尾巴的蝾螈，都住在池塘里，从没出来过。这时它爬上岸，悄悄地爬到树林里。它找到一个腐烂的树墩，钻到树皮下，在里面缩成一团。青蛙则相反，它们从岸上跳进了池塘，沉到了池底，钻进深深的淤泥里。蛇和蜥蜴躲到树根底下，藏在暖和的苔藓里。鱼儿成群结队地挤到河流的深处、水底的深坑里。蝴蝶、苍蝇、蚊虫和甲虫都藏到了树皮和墙壁的裂口和细缝里。蚂蚁堵住了所有的大门，堵住了高城里一百个城门的出入口。它们钻进高城的最深处，挤作一团，互相拥抱在一起，纹丝不动地睡着了。饥饿和挨冻的时刻到了！属于热血动物的飞禽走兽倒不太怕冷。它们有东西吃就可以了。只要它们吃下东西，身体就会充满热量，无比温暖。不过，饥饿和寒冷总是一块儿降临。蝴蝶、苍蝇和蚊虫都藏起来了。蝙蝠也没食物可吃了。它们躲在树洞、石穴、岩缝里和阁楼的屋顶下面，用后脚爪钩住某个东西，头朝下倒挂着。它们用翅膀遮住身体，就像披了一件风衣一样，就这样睡着。青

【引出下文】总起句，引出下文。

【转折】转折句。

【运用修辞手法】以比喻手法形象地突出蝙蝠翅膀的特点。

蛙、癞蛤蟆、蜥蜴、蛇和蜗牛全部躲了起来。刺猬躲进树根下的草巢里。獾更是很少出现了。

候鸟飞往越冬地

鸟的飞行旅程

如果能从天上看看我们伟大辽阔的祖国,那该让人多开心啊!在秋天,乘着热气球升到高空,升得比屹立不动的森林还要高,升得比飘移的白云还要高,离地面大约三十公里吧!就算升得那么高,还是不能看到我国国土的尽头。当然,要是天气晴朗,万里无云,就可以望得很远。在那么高的地方眺望,就会觉得我们整个国土都在移动:有什么东西在森林、草原、山丘和海洋的上空移动。是鸟儿,是不计其数的鸟群在移动。我们的候鸟,飞离故土,飞往越冬地去了。当然,也有些鸟留了下来,比如麻雀、鸽子、慈乌、灰雀、黄雀、山雀、啄木鸟和其他许多小鸟,都没有离开呢!除了鹌鹑以外,其他的野雉也不飞走。还有老鹰和大猫头鹰也留了下来。可是这些猛禽,在我们这儿的冬天无事可做。大部分鸟儿冬天都离开了我们这里。候鸟从夏末就开始飞离,春天最后飞来的那批鸟最先飞走了。这样的飞离持续了整整一秋,直到河水封冻为止。春天最先飞来的那一批,最后飞离我们,它们有:白嘴鸦、百灵鸟、椋鸟、野鸭和鸥……你们可能会以为鸟儿都从同温层飞往越冬地,就是所有的鸟群都从北往南飞吧?其实不是如此。各种不同的鸟儿,在不同的时间飞走;大部分鸟在夜间飞行,因为这样更安全。而且,并非所有的鸟都从北方飞到南方过冬。秋天,有些鸟从东方飞到西方;有些鸟恰恰相反,从西方飞到东方。我们这里有一些鸟,径直飞到北方去过冬!森林的特约记者,有的给我们拍来无线电报,有的利用无线电广播向我们播报:何种鸟往哪里飞,长着翅膀的旅行家们在旅途中身体怎样。"切依!切依!切依!"红色的朱雀在鸟群里这样交谈。在八月份,它们早就从波罗的海边、从列宁格勒州和诺夫戈诺德州开始飞行旅程。它们慢慢地飞着:食物到处都有,填饱肚子没问题,不必

【承上启下】
承上启下。

【过渡】
过渡句,承接下文。

【转折】
转折句,引起读者强烈的好奇心。

着急，又不是赶回故乡去筑巢和养育后代。我们看见它们飞过伏尔加河，飞过乌拉尔山脉。现在看见它们在西伯利亚西部的巴拉巴草原上，不停地往东飞，朝着太阳升起的方向飞。它们从这片丛林飞到那片丛林，巴拉巴草原上的桦树林到处都是。它们会选择在夜间飞行，白天休息、吃东西。它们成群结队地飞，每一只小鸟都心惊胆战的，害怕遭遇不测，不过不幸还是会发生，有一两只会被老鹰捉去，它们不能保全自己。在西伯利亚，雀鹰、燕隼和灰背隼这类猛禽应有尽有。它们飞得特别快，速度惊人！当小鸟从一片丛林飞往另一片丛林的时候，不知有多少只要被猛禽捉去！夜里毕竟安全些，猫头鹰的数量相对少一些。朱雀在西伯利亚转弯，它们要飞越阿尔泰山脉和蒙古沙漠，飞到炎热的印度去过冬。在这段艰难的旅途中，会有多少小鸟要枉送性命啊！

【介绍说明】介绍朱雀在飞往越冬地的途中的生活习性。

【总结上文】结尾处总结上文。

自东向西飞

在奥涅加湖上，每年夏天，都有一大群黑压压的野鸭和白云般的鸥被孵化出来。等到了秋天，这些野鸭和白鸥，就要往西，往日落的方向飞了。一群针尾鸭和鸥动身前往越冬地。让我们跟着它们一起在空中旅行吧！你们听见刺耳的呼啸声了吗？然后传来的是水的泼溅声、翅膀的扑腾声、野鸭无所顾忌的呷呷声、鸥的喊叫声……这些针尾鸭和鸥，本来打算在林中小湖上歇歇脚的，没想到遇上了一只迁徙的游隼。好像牧人的长鞭带着啸声刺破空气似的，游隼在野鸭的背上疾驰而过。它那最后一个脚指头上的爪，像小弯刀的刀尖一样锋利，猛地刺向野鸭，顿时一只野鸭的长脖子像根木棍似的垂下来，它还没来得及掉入湖中，动作敏捷的游隼蓦地一个转身，在水面上及时抓住了它，用钢铁般的嘴朝野鸭的后脑勺致命一啄，就拿去当午餐了。这只游隼是这群野鸭的梦魇。它从奥涅加湖和它们一起出发，一起飞过了列宁格勒、芬兰湾、拉脱维亚……它吃饱了的时候，就蹲在岩石或树上，冷冷地看着鸥在水面上飞翔，野鸭在水上翻跟头。游隼看着它们从水面上飞起，成群结队地继续往西飞，往太阳像只黄球跌入波罗的海的灰色海水的方向飞。不过，当游隼感

【运用修辞手法】比喻生动、形象，写出了游隼的飞行速度之快。

【动作描写】“转身”“抓”“啄”等词，表现了游隼的凶猛、残忍。

【运用修辞手法】用比喻的手法，将太阳比喻成黄球，描写太阳落山时一瞬间的情形。

到饿了时，它就立刻追上野鸭群，抓一只野鸭吃。

就这样，它一直跟着野鸭群，沿着波罗的海海岸、北海海岸飞行，跟着野鸭群飞过不列颠群岛。只有到了那里，这只长着翅膀的“饿狼”才会放弃纠缠。因为我们的野鸭和鸥会在这里留下来过冬。而游隼，只要它愿意，完全可以跟随别的野鸭群继续向南飞，穿过法国、意大利，越过地中海，向炎热的非洲飞去。

往北飞

【解释说明】
开篇解释鸭绒的用途。

绒鸭给我们提供了做冬大衣用的又轻又暖的鸭绒。在白海的干达拉克沙禁猎区，绒鸭平静地孵出了小鸭。这里保护绒鸭的工作已经开展了多年。为了弄清楚绒鸭从禁猎区飞到什么地方过冬，有多少只绒鸭回到禁猎区、回到自己的老巢来，也为了弄明白这些神奇的鸟儿的一些生活细节，大学生和科学家们把带着编码的很轻的金属环套到绒鸭的脚上。大家已经知道了，绒鸭从禁猎区几乎一直向北飞——飞到极夜地区，飞到北冰洋去。那里有很多格陵兰海豹，还能

听见白鲸的大声叹息。白海很快将被厚厚的冰层覆盖，冬天绒鸭在这里没有食物吃。在那里，在北方，水面一年四季都不会结冰，海豹和大白鲸在那里抓鱼吃。绒鸭从岩石和水藻上啄软体动物或水中的小贝壳吃。这些北方的鸟儿，只要能吃饱就成。尽管严寒逼人，周围是冰雪覆盖的汪洋和无尽的黑暗，但是它们不害怕，它们天然的鸭绒大衣，一点儿寒气都不透，是世界上最暖和的绒毛。那儿还常常出现神奇的北极光，有巨大的月亮，明亮的星星。就算太阳一连几个月不从海洋里探头，也没有关系。反正北极的绒鸭自己觉得不错，吃得饱，穿得暖，能自由地度过漫长的北极冬夜。

【解释说明】
绒鸭的绒毛很保暖。

候鸟迁徙之谜

有的鸟为什么径直往南飞？有的鸟为什么往北飞？有的鸟为什么往西飞？有的鸟为什么往东飞？许多鸟为什么要等到结冰、下雪、无食物可吃的时候才离开，而有些鸟(例如雨燕)却按照日历在固定的日期离开，就算附近的食物很充足？最主要的问题是：它们怎样知道，秋天要按怎样的路线，飞去哪儿过冬？比如，一只小鸟在莫斯科或列宁格勒附近，从蛋里孵了出来，但它飞去南部非洲或者印度过冬。我们这儿有一种小游隼飞得很快，它从西伯利亚一直飞到澳大利亚去。在澳大利亚生活一段时间，到春天，它又飞回西伯利亚。

【引出下文】
开篇以提问的方式引起读者的注意。

森林里的战争(结束篇)

我们的记者找到了这么一块地方，在那儿，林中种族间的战争已经结束了。那地方，就是开始时我们的记者旅行到过的枞树国。以下是他们采访到的关于这场残酷战争的结束时的情况。大批的枞树在和白桦、白杨的肉搏战中死去。可是最后，枞树种族还是取得了这场战争的胜利。它们比敌人年轻。白桦和白杨的寿命比枞树短。年老体弱的白桦和白杨，已经不能再像敌人那样迅速地生长。枞树的个头已经超过了它们，在它们头上张开了可怕的毛茸茸的大爪子，于是，喜光的阔叶树开始枯萎了。枞树却不停地在长大、长高，它们的树荫越来越浓。树下的地窖越来越深，越来越暗。在

【引出下文】
转折句，引出下文。

地窖里，贪婪的苔藓、地衣、小蠹虫和木蠹蛾在等待着战败者；在那里，缓慢的死亡在等待着战败者。

【埋伏笔】
中心句，为下文埋下伏笔。

一年又一年过去了。自从人们砍光了那片阴森森的老枞树林，已经过去了100年。抢夺那块空地的战斗也持续了100年。现在，在这个地方，又耸立着同样一片阴森森的老枞树林。在老枞树林里，没有鸟儿的歌声，也没有快乐的小野兽落户。各种各样偶尔出现的绿色小植物，都逐渐枯萎，很快死在阴沉沉的枞树国。冬天来了。每年冬天，林木种族都休战一段时间。树木入睡了。它们睡得比洞里的狗熊还香，睡得仿佛死去了一般。树液在树干里停止了流动，它们不吃，也不再生长，只是昏沉沉地呼吸着。仔细听听，寂静无声；定睛瞧瞧，这是个布满战士尸体的战场。我们的记者得知：今年冬天，这片巨大的、阴沉沉的枞树林将被砍掉。按计划，将在这里采伐木材。明年，一片新的采伐迹地将出现。林木种族将开始新的战斗。不过，这次我们将不再准许枞树获胜了。我们也会参与到这场可怕的、永不停止的战争中，把这里从未见过的新林木种族，移植到砍伐迹地上来。我们将时刻关注它们的成长。如果有必要的话，我们将在树篷顶上砍几扇天窗，让它们沐浴阳光。那时，鸟儿一年四季都将在这里给我们唱着欢快的歌曲。

【运用类比】
体现了冬季森林的寂静。

和平树

【叙述】
表现出大家对环境的保护。

在前不久，我们学校的所有同学，号召莫斯科州拉缅斯基区的低年级同学们，在植树周每人种一棵和平树。少年米丘林工作者们和成年的园艺专家，都愿意帮助他们培育和平树。学生们读书、成长，和平树也在校园里和他们一起成长！

●莫斯科州茹科夫斯基市第四小学全体学生

集体农庄新闻

精挑细选母鸡

在突击队员集体农庄的养禽场里，昨天正在挑选最好的母鸡。首先用木板慢慢地把母鸡赶到一个角落里，再抓住它

们，交给专家一只一只地挑选。看，专家的手里抓着一只长嘴、身材细高的母鸡，它小小的鸡冠颜色暗淡，双眼似睁非睁，看着傻傻的，好像在问："为什么抓我呀？"专家放回了这只母鸡，说："这样的母鸡不是我们要挑选的。"接着，专家抓住一只短嘴大眼睛的小母鸡。它的头很宽，鲜红的鸡冠子歪在一边，双眼闪着亮光。母鸡边拼命挣扎，边乱叫："放开我！放开我！别抓我，别抓我！我要吃蚯蚓，不然它要被别人给挖去了！""是只好母鸡！"专家说，"它会给我们下蛋的。"没错，母鸡也要活泼快乐、精力充足，才能下更多的蛋！

【运用修辞手法】以拟人手法，表现出母鸡心急的样子。

●发自尼·米·芭芙洛娃

快乐的小鲤鱼

小鲤鱼们换了新家，改了名字。春天，在小池塘里，小鲤鱼妈妈产下卵，从卵里孵出七十万尾小鱼苗。这个池塘里就生活着这一大家子：七十万个兄弟姊妹。然而过了十来天，它们居住得越来越拥挤了，所以打算搬到夏季的大池塘里去住。小鱼苗在池塘里长大了，快到秋天的时候就换名字，不叫鱼苗叫鲤鱼了。现在，小鲤鱼正准备搬到冬季的池塘里去住。冬天一过，它们就满一周岁了。

【侧面描写】以名字的变化表现小鲤鱼慢慢地长大了。

星期天

小学生们帮助集体农庄挖掘甜菜、冬油菜、芜菁、胡萝卜和香芹菜等植物。孩子们发现，芜菁的头比大头学生瓦吉克的头还要大。不过，最让他们惊奇的是无比巨大的饲料胡萝卜。坎娜在她的脚旁竖起一根胡萝卜，胡萝卜竟跟她的膝盖一样高；胡萝卜的上半身，和巴掌一样宽。坎娜说："在古代，人们肯定用这种根打仗，用芜菁作手榴弹攻打敌人。当战斗进行到白热化的程度，这种大胡萝卜就派上用场了，它可以用来猛敲敌人的脑袋壳！"瓦吉克反驳道："在古代，人们还培育不出这么巨大的根来。"

【运用类比】介绍饲料胡萝卜的特征。

文明的黄蜂

那天，天气寒冷，蜜蜂都待在蜂房里。这正是黄蜂强盗

们等待已久的机会。它们飞到养蜂场里，想偷蜂房里的蜂蜜。不过，它们还没飞到蜂房，就闻到香甜的蜂蜜味，因为它们看到养蜂场上摆着好几个盛蜂蜜水的瓶子。于是，黄蜂决定不去蜂房里偷蜂蜜了。或许它们觉得从瓶子里偷蜂蜜，更文明一些，而且从蜂房里偷实在太危险。于是，它们钻进瓶子里试一试，结果上了当，就这样溺死在里面了。

【叙述】

结尾指出，黄蜂的“文明”害了自己。

●发自基特·韦利卡诺夫

【名师点拨】

文中主要报道了伴随着秋天的来临，候鸟们将飞往越冬地的情况及其他动植物的生存状况。

【回味思考】

1.秋天来临时，候鸟飞走的次序是怎样的？

2.在海湾沿岸的淤泥地上，画小十字和小点子的到底是谁呢？

仓满粮足月（秋二月）

森林中的大事

准备过冬

天还没到最冷的时候，但不能疏忽。一眨眼，大地和水就会冰封起来。那时候寻找食物就很困难了，藏身之地也难找了！森林里的每个动物，都按照各自的方式在做过冬的准备呢！应该飞走的，就已经飞到其他地方去躲避寒冷与饥饿了；剩下的，都在忙着往仓库里搬东西，储备冬粮过冬。短尾野鼠很有劲地搬运食物。有些野鼠直接在干草垛里或粮食垛下挖个洞过冬，每天夜里往洞里偷运粮食。在每个鼠洞，都有五六条小道，每条小道都通往一个洞口。它们还在地底下有一间卧室和几间仓库。

【叙述】
中心句，贯穿全文。

在冬天，野鼠要等到严寒的天气才开始冬眠。因此它们有时间储存大批的粮食。有些野鼠洞里，收集了四五公斤精选的谷粒。这些小啮齿动物专门在庄稼地里偷粮食。所以我们得照料好庄稼，避免受到它们的侵害。

【叙述】
点明野鼠对庄稼的危害。

过冬的小植物

树木和生长多年的草本植物，已经准备好过冬了。一年生的草本植物播种了。可并不是所有一年生的草类都以种子的形态过冬。有些已经发了芽。许多一年生草类，在翻耕过的菜地里生长起来。在裸露的黑土地上，能看到荠菜一簇簇锯齿状的小叶子，和荨麻相似的、毛茸茸的紫红色野芝麻小叶子，还有小巧的香母草、三色堇、犁头菜和可恶的紫缕。

【前后照应】
介绍在雪下过冬的植物，与前文相照应。

这些小植物都准备在雪下过冬，将生命延续到明年秋天。

植物来得及干什么

【解释说明】
点明椴树枝杈上有红褐色斑点的原因。

有一棵椴树，它的枝杈伸展得很远，夹杂着红褐色斑点，在雪地上格外引人注目。其实并非是树叶发红，而是坚果上的小舌头一样的小翅膀变红了。椴树的每根树枝上，都挂满了这种翅膀似的小坚果。不只是椴树这样打扮。看，这棵高大的树是白蜡树，树上挂着很多干果！这些干果的样子很像豆荚，密密麻麻地挂在树上。不过最漂亮的，还是花楸树。在花楸树上，现在还保留着一串串金光闪闪、沉甸甸的果实。小蘖上也挂着果子呢！桃叶卫矛的神奇果实，依然引人注目，样子和带黄色雄蕊的玫瑰花差不多。还有一些乔木，没赶上在入冬以前安顿好后代。白桦树枝上偶尔可见干枯的葇荑花，葇荑花里藏着翅果。赤杨的黑色小球果还没有变空。然而，白桦和赤杨都及时地为春天准备好礼物，那就是葇荑花序。春天到了，这些葇荑花序只要伸直身子，张开鳞片，就绽放了。榛子树也有葇荑花序——暗红色的粗葇荑花序，在每根树枝上长两对。但是，在榛子树上早就看不到榛子了。榛子树把事情做得相当有序：和后代告了别，也为第二年春天做好了准备。

【点题】
结尾点题，指出榛子树安顿后代的方式。

●发自尼·米·芭芙洛娃

储藏

夏天，短耳朵水鼠住在小河边的别墅里。在此处的地下，它建了一间住房。有一条通道从房间里斜着通下去，一直通到了水里。现在，水鼠在远离水面的一个多草墩的草场上，给自己建造了一间温暖舒适的过冬住房。有好几条一百来步长或更长的通道通到这间房间来！卧室建在一个最大的草墩下，里面铺着暖和柔软的干草。有几条专门的通道，把储藏室和卧室连起来。在储藏室里，按顺序分门别类地摆放着五谷、豌豆、蚕豆、葱头和马铃薯等，这些都是水鼠从田里和菜地里偷来的或者找来的。

【过渡句】
过渡自然。

【解释说明】
介绍水鼠是如何储藏粮食的。

松鼠的干燥室

【行为描写】结尾处点明松鼠冬天时的生活方式。

在树上，松鼠有好几个圆巢，其中一个是用作仓库的。它把从林中收集来的小坚果和球果都储存在里面。松鼠还采了一些油菇和白桦菇的蘑菇。它把蘑菇插在断松树枝上晒干。到了冬天，它就在树枝上玩耍，吃点干蘑菇提提神。

神奇的粮仓

【外貌描写】详细介绍姬蜂的外形特征。

【叙述】指出姬蜂对人类的帮助。

姬蜂给幼虫找到了一间神奇的粮仓。姬蜂长着一对善于飞翔的好翅膀，在往上蜷曲的触角下，有一双敏锐的眼睛。纤细的腰身，把胸部和腹部分成两部分。在腹部的末端，长着一根像针一样细长笔直的刺。夏天，姬蜂找到一条肥壮的蝴蝶幼虫，扑上去，骑到幼虫身上，把尖刺戳进幼虫的皮肤里，在幼虫身上戳一个小洞产一个卵，然后姬蜂就飞走了。蝴蝶幼虫很快忘记了害怕，又吃起树叶来。秋天一到，蝴蝶幼虫结了茧，变成了蛹。这时，姬蜂的幼虫也在蛹里面从卵里孵出来了。在这坚固的茧里面，它感到无比安全暖和。可蝴蝶幼虫的蛹，却变成了姬蜂幼虫的美食，整整够吃一年。夏天又到了，茧打开了，不过飞出来的不是蝴蝶，而是一只身子细长、黑红黄三色相间的姬蜂。姬蜂是人类的朋友，因为它帮助人类扼杀幼小的害虫。

本身就是粮仓

【引出下文】中心句，引出下文。

很多野兽并没有造专门的粮仓，因为它们自己就是粮仓。在秋天的几个月里，只要大吃大喝，吃得肥肥的，堆积厚厚的脂肪，这样粮仓就建成了。没错，脂肪就是储藏的食物，在皮下堆积厚厚的一层。当野兽无食物可吃的时候，脂肪代替食物，渗透到血液里，血液把养料输送到了全身。在整个冬天，酣睡的熊、獾和蝙蝠，还有其他大小不一的野兽，都是这样过冬的。它们把肚子填得很饱，然后呼呼大睡。脂肪还能帮它们保暖，避免寒气渗透到身体里。

贼被贼偷

森林里的长耳猫头鹰是个阴险狡诈和爱偷东西的贼，可现在有一个贼偷到它身上去了。从外表看，长耳猫头鹰长得和雕鸮很像，只是个头稍小一些。它的嘴巴像个钩子，头上的羽毛竖起来，一双眼睛又大又圆。不管夜有多黑，这双眼睛什么都看得见，它的耳朵什么都听得见。老鼠刚在枯叶堆里窸窸窣窣一响，长耳猫头鹰就已经近在眼前。只听“笃”的一声，老鼠被它抓到了半空中。小兔儿从林中空地上跑过，这个夜强盗飞到它的头顶。只听“笃”的一声，兔子已死在了它的一双利爪之下。它还喜欢把死老鼠拖回到树洞里。就算自己不吃，也不给别人吃，要等到冬天找不到东西时再吃呢！白天，它待在树洞里，守卫着储备；晚上，则飞出去打猎。在此期间它常常跑回到树洞，看自己的东西到底还在不在。有一天，长耳猫头鹰忽然发现，它的储备有变少的现象。它的视力实在是太好了，它虽然不会数数，但可以用眼睛盘算食物的体积。夜幕降临了，饿了一天的猫头鹰像往常一样飞出去打猎了。可是等它回来时发现，老鼠一只也没有了，只剩下一只长度和老鼠差不多的灰色小兽，趴在那里一动不动。它想抓住那只小野兽的脚，不过小野兽早已蹿进下面的一条裂缝，从地上逃掉了。小野兽的嘴里还叼着一只小老鼠呢！长耳猫头鹰追过去，眼看就要追上了，不过当它看清楚小偷的模样时，它就害怕了，不再去抢夺小老鼠了。这小偷就是残暴的小野兽——伶鼬。伶鼬专以抢劫为生。它个儿虽小，却行动敏捷，敢于和长耳猫头鹰作战。要是长耳猫头鹰被它一口咬住胸部，就别想逃脱了。

【设置悬念】开篇设置悬念，引人入胜。

【叙述】指出长耳猫头鹰的眼睛、耳朵十分厉害。

【转折】转折句，引出故事情节的发展。

【点题】指出伶鼬的厉害，与题目相照应。

红胸脯的小鸟

在夏季的一天，我在森林里走着，忽然听见茂密的草丛里有东西在跑。起初我打了个寒颤。后来我开始仔细观察周围，看到一只小鸟在草丛里迷了路。它的个头不高，通体灰色，而胸脯却是红色的。我捉住它，高高兴兴地把它带回了家。在家里，我给它喂了点面包屑。它吃过后，很高兴。

【外貌描写】简要介绍小鸟的外形特征。

我做了个笼子给它住，又捉小虫给它吃。整个秋天，它都生活在我家。有一天，我出门了，没关紧鸟笼，这只小鸟就被我家的猫吞吃了。我非常喜欢这只小鸟，我伤心极了。

●发自森林记者奥斯丹宁

捉松鼠

【叙述】松鼠在夏天储冬粮。

松鼠正在为一件事烦心，那就是夏天要储存冬粮，以备过冬。我亲眼看见一只松鼠，从枞树上摘下了一个球果，拖到自己的树洞里去。我在这棵树上作了标记。然后，我们砍倒了这棵树，掏出了松鼠，发现树洞里还有很多球果。我们把松鼠带回家，养在笼子里。有个小男孩把手指头伸进笼子，却被松鼠一口就咬穿了。它真厉害！我们给它拿来了许多枞树球果。它很喜欢吃枞树球果，不过最爱吃的还是榛子和胡桃。

●发自森林记者斯米尔诺夫

我的小鸭

我妈妈把三只鸭蛋放在一只母火鸡身下。

到第四个星期，母火鸡孵出来好几只小火鸡和三只小鸭。在它们长结实之前，我们一直把它们放在非常暖和的地方。直到暖和起来，我们才第一次把它们带到了外面。我家附近有一条水沟。小鸭子马上摇摇摆摆地走进沟里，游了起来。火鸡急忙跑过去，担心地大叫："哦！哦！"它看见小鸭子们安静地在水里游着泳，并没有遇到什么危险，这才放下心来，带着小火鸡走开了。

【运用修辞手法】以拟人手法，形象地刻画出火鸡对小鸭的担忧。

小鸭子游了一会儿，就感觉到冷了，便从水里爬出来，嘎嘎地叫着，全身发抖，却无处取暖。于是，我把它们放在手心里，用手帕盖起来，带回屋子里，它们立刻就安静了下来。每天清早，我都会把三只小鸭从家里放出来，它们马上跳进水里，它们一感觉冷，就立刻往家里跑。它们的翅膀还没长齐，飞不上台阶，只知道叫唤。有人把它们捉上台阶，它们就朝着我的床跑过来，站在床边，伸长脖子，又叫了起来。有时候我还在睡觉，妈妈就会把它们拎到床上来，让它们钻进我的

被窝，跟我一起睡。临近秋天的时候，它们已经长大了，我也被送到城里去上学。我的小鸭子非常想念我，老是悲伤地叫唤。听到这个消息后，我哭了好多次。

【抒发感情】
结尾处表达"我"对小鸭子的思念之情。

●发自森林记者维拉·米谢耶娃

核桃鸦的秘密

在我们这儿的森林里，有一种乌鸦，它们比普通的灰乌鸦小一点儿，浑身长着花斑，我们管它们叫核桃鸦，西伯利亚人管它们叫星鸦。核桃鸦收集坚果，藏到树洞里和树根下，以备过冬用。冬天，核桃鸦从一个地方飞到另一个地方，从这座森林飞到那座森林，享用着贮存的冬粮。它们吃的都是自己贮藏的食物吗？不，不是的。每只核桃鸦享用的，都不是它自己贮藏的坚果，而是它们的同类贮藏的。

【介绍说明】
开篇简要介绍核桃鸦的外形特征。

当它们飞到一片小树林，可能那地方它们以前从没去过，但它们马上开始寻找别的核桃鸦贮藏的坚果。藏在树洞里的坚果当然好找些。在冬天，核桃鸦怎么能找到别的核桃鸦藏在树根下和灌木丛下的坚果呢？要知道，大地被白雪覆盖着呢！可是核桃鸦就能飞到灌木丛边，拨开下面的雪，准确无误地找到其他核桃鸦的储备。周围有几千棵乔木和灌木，它如何知道就是在这棵树下藏着坚果呢？它靠什么特征找到的呢？我们也不知道。我们得想出一些巧妙的试验，弄清楚核桃鸦究竟是凭借什么能力在白茫茫的大雪底下轻松找到自己同类的储藏品的。

【设置悬念】
以提问的方式，留下悬念，引人注目。

好可怕！树叶凋落了，森林变得稀稀疏疏了。一只小雪兔躺在森林里的灌木丛下，身子紧贴着地面，只有两只眼睛不停地东张西望。它感到很无助。周围老是扑簌簌地响，是老鹰在树枝间拍打翅膀吗？还是狐狸的脚爪弄得落叶沙沙响？这只小兔刚换上了白色的毛，全身斑斑点点的。期盼能等到下头一场雪呢！周围明亮了，森林里也不再死气沉沉的，大地上到处飘落着黄色、红色和棕色的树叶。难道突然来了个猎人吗？要跳起来逃跑吗？可是逃到哪儿去呀？枯叶像铁片一样在脚下轰响。呵呵，自己会被自己的脚步声吓疯掉呢！小雪兔躺在灌木丛下，把身子藏在苔藓里，紧贴着

【转折】
转折句，扣人心弦。

【运用修辞手法】
比喻句，形象地写出枯叶的特点。

白桦树墩，纹丝不动地藏着，只看到两只眼睛在到处张望。

“女妖的扫帚”

【外貌描写】简要指出了“女妖的扫帚”的外形特征。

【过渡】过渡句，揭开事实真相。

【举例】举例说明其他的树木也会长“女妖的扫帚”。

树木现在光秃秃的，树上那些夏天看不见的东西都可以看到了。看，远方的一棵白桦树上好像布满了白嘴鸦的巢。不过走近一看，原来不是鸟巢，只是一团团向四面八方生长的细黑树枝。人们又叫它们“女妖的扫帚”。回忆一下有关女妖或巫婆的童话故事吧：巫婆乘着扫帚在空中飞行，女妖骑扫帚从烟囱里飞出来。无论是巫婆或女妖，都离不开扫帚。因此，她们都会给各种树施一种魔法，让那些树长出像扫帚一样难看的树枝。反正，讲童话的人就是这么讲的。可是，科学又是怎么说的呢？事实上，树上会长出这样一团团的细枝，是因为树得了一种疾病。这种病，是由一种特殊的扁虱，或者菌类引起的。榛子树上的扁虱细小轻盈，风可以带着它随意地到森林各处跑。扁虱落到一根树枝上，钻进芽里住下来。充当生长芽的是一根现成的嫩枝：带着叶胚的茎。扁虱并不去打扰芽，只喝芽的汁液。不过，由于咬伤和分泌物，芽得病了。等到出芽的时候，本来娇嫩的枝条就会像变魔术一样快速生长，比普通枝条的生长速度快六倍。病芽发育成短短的嫩枝，嫩枝又立刻生出侧枝。扁虱的后代们爬到侧枝上，使那些侧枝又生出侧枝。就这样，不断地长出新的侧枝。于是在原来只有一个芽的地方，就长出了一团怪模怪样的“女妖的扫帚”。当菌(寄生菌的孢子)进入到芽里，并且在里面生长发育的时候，也会产生同样的情况。桦树、赤杨、山毛榉、千金榆、槭树、松树、云杉、冷杉和其他各种乔木、灌木上，都会经常长出“女妖的扫帚”。

候鸟飞往越冬地(结束篇)

很不简单！

对于鸟来说，这好像很简单：只要长着翅膀，那么就可以到处飞翔！这里的温度低，没有东西吃，就拍着翅膀，往南飞一段，飞到暖和点的地方去。如果那里的温度也降低了，那就

再飞远一点。哪里气候适宜、食物丰富，就飞到哪里去，还可以留下来过冬。其实并不是这样的！不知道什么原因，我们这里的朱雀总是飞到印度去；西伯利亚的游隼途经印度和几十个适于过冬的温暖的国家，却总是飞到澳大利亚去。可以说，并不是因为饥饿与寒冷这一简单的原因，鸟类还有一种莫名其妙的、比较复杂的、无法摆脱的感觉，让它们如此依赖那个老地方，要飞到遥远的远方去。我们都知道，在古代，我国大部分地区都屡次遭受冰川袭击。沉重的、无比沉寂的冰川以排山倒海之势，淹没了我国的大片平原，然后又慢慢地退却了(整个过程持续了几百年)；后来又流过来了，一路上淹埋了全部的生物。鸟类靠翅膀保住了性命。第一批飞走的鸟，占领了冰河边的地区；第二批飞得远一些；再下一批飞得更远一些。这好比玩跳背游戏，参加者轮流从前面弯腰站立者的身上跳过去。当冰川退却的时候，被冰川赶离家乡的鸟儿，还是飞回了故乡。然而这一回，跳背游戏的顺序却相反了：飞得不远的，最先回来；飞得远一些的，紧跟在后面回来；飞得最远的，最后回来。这种跳背游戏跳完一次，就要几千年！

【转折】
转折句。

【设置悬念】
设置悬念。

在这漫长的时间段里，或许鸟类养成了一种习惯：在秋天天气将变冷的时候，离开筑巢地；在春天，和太阳一起飞回来。这种习惯真的可以说已经“渗透到血肉中”了，无法改变了。因此，候鸟每年从北往南飞。

【解释说明】
揭开真相。

这个设想也得到了下列事实的证实:所有在地球上没有出现过冰川的地方,就不会有大批的候鸟。

其他原因

【做铺垫】
开篇以事实说理,为下文做铺垫。

不过,在秋天,鸟类不仅往南飞,往温暖的地方飞,还往别的地方飞,甚至往北方最冷的地方飞。有些鸟往南飞只是因为大地被深雪覆盖,水冻成了坚硬的冰,它们没有东西可吃。等到大地上开始有化冻的现象,白嘴鸦、椋鸟和百灵鸟就立刻飞回来了!等到江河湖泊上开始冰雪融化,鸥鸟和野鸭就立刻飞回来了!绒鸭绝对不能留在干达拉克沙禁猎区过冬,因为在冬天白海将被厚厚的冰层覆盖。它们必须要飞往北方,因为那里有墨西哥湾暖流经过,那里的海水不会结冰。如果在冬天,从莫斯科往南走,那么刚到乌克兰,就能看到白嘴鸦、百灵鸟和椋鸟。这些鸟只是飞到比定居鸟稍远一些的地方过冬。山雀、灰雀和黄雀被大家认定是本地的定居鸟。其实,许多定居鸟并不一直待在同样的地方,它们也会搬迁。不过城里的麻雀、慈鸟、鸽子,和森林中、田野里的野鸡,全年都定居在同一个地方。其他的,则有的飞到近一些的地方,有的会飞到远一些的地方。如何判断哪一种鸟是真正的候鸟,哪一种鸟只是在搬家呢?接下来谈谈朱雀吧!尽管把这种红色的金丝雀,还有黄雀说成是定居鸟有点牵强。朱雀飞到印度,黄雀飞到非洲去过冬。它们成为候鸟的原因,好像跟大部分候鸟不一样,不是因为冰河的侵袭和退却,而是其他原因。请观察雌朱雀,它和一只普通的麻雀长相差不多,不过头部和胸部是鲜红鲜红的,让人惊奇。黄雀更让人惊讶:它全身都是纯金色的,只有两只翅膀是黑黑的。你会想:“这些鸟的服装真是明艳华丽极了!它们是不是我们北方的异乡鸟呢?它们是不是来自遥远的热带国度的小客人呢?”有道理。很有道理!黄雀是典型的非洲鸟,朱雀是印度鸟。事情的经过或许是这样的:这些鸟类发生了数量过剩的现象,所以年轻的鸟就为自己寻找新的居住地养育后代。因此,它们决定往鸟类稀少的北方迁移。在夏天,北方并不冷。就算刚出生的光秃秃的雏鸟,也不觉得冷。等到天气冷

【承上启下】
承上启下。

【设问】
以提问的形式,吸引读者的阅读兴趣。

【过渡】
过渡句,引出下文。

起来，没有食物可吃了，就飞回去，返回故乡。在故乡，这时雏鸟也孵出来了，大家幸福快乐地住在一起。它们不会互相伤害！春天到了，就飞到北方去。就这样循环了几千几万年，来来回回，迁移的习惯也就养成了：黄雀往北飞，经过地中海飞往欧洲；朱雀从印度往北飞，飞越阿尔泰山脉和西伯利亚，接着往西飞，穿过乌拉尔往前飞。还有一种说法，认为迁移习惯的形成，是因为某些鸟类逐渐占领了新的筑巢地。比如朱雀，或许是，最近几十年来，我们亲眼看着这种鸟大规模地往西迁移，一直迁移到了波罗的海岸边。可冬天还是又飞回印度的故乡。关于迁移习惯产生的假设，为我们解开了一些疑惑。不过，关于迁移的问题，还存在着许多未解之谜。

【叙述】
结尾处留下疑问，启发读者思考。

秘密依旧是秘密

关于候鸟迁移起因的假设，可能是正确的，不过如何解答下列问题呢？

【提出问题】
开篇以提问的方式，激发读者的兴趣。

1.候鸟如何认识几千公里长的迁移线路？过去，人们觉得，在每一队秋季迁移的鸟群里，都至少会有一只带头鸟，带领着全体年轻的鸟，沿着它所牢记的线路，从筑巢地飞往过冬地。现在却准确地证实了：在今年夏天刚从我们这里孵出的鸟群里，或许没有一只年长的鸟。有些年轻的鸟比年长的鸟先飞走，有些年长的鸟比年轻的鸟先飞走。但是，无论如何，年轻的鸟都能在规定的日期准确无误地抵达越冬地。真是太神奇了！鸟的脑袋瓜是那么的小，就算年长的鸟的脑子能记住几千几百公里长的行程，然而雏鸟才出生两三个月，根本不熟悉这个世界，它怎么能独自认识这条线路呢？可真叫人想不明白啊！比如，泽列诺高尔斯克花园里的那只小布谷鸟，它如何找到布谷鸟在南非的越冬地呢？所有老布谷鸟，都要比它早飞走差不多一个月。没有鸟给小布谷鸟指路。布谷鸟是一种独飞的鸟，不会结队；就算在迁移的时候，也是单独飞行。何况小布谷鸟是红胸鸲养大的，而红胸鸲则飞到高加索过冬。那么，小布谷鸟是怎么飞到南非，飞到北方的布谷鸟世世代代过冬的地方去的呢？还有，飞去以后，又怎么回到红胸鸲把它从蛋里孵出来、养育大的鸟巢里

【过渡】
过渡句，引出下文。

【设置悬念】
又以提问方式，留下疑问，引人深思。

来的呢？

2. 年轻的鸟是如何知道它们应该飞到哪里过冬的？亲爱的《森林报》读者们，你们可要好好思考一下鸟类的这一秘密。有可能这个秘密还得留给你们的下一代去探究呢！为了解决这个问题，就要先放弃像“本能”这类难懂的词语，还要进行各种实验，完全弄明白：鸟类的大脑和人类的大脑到底有什么区别？

【总结全文】
结尾处给读者提出建议，起到总结全文的作用。

集体农庄纪事

拖拉机的轰鸣声停止了。在集体农庄里，亚麻的分拣工作就要结束了，最后几辆载着亚麻的货车，正向车站驶去。集体农庄庄员们正在考虑新收成的问题。专业选种站为全国的集体农庄培育了黑麦和小麦的优良新品种，庄员们正在考虑这件事呢！田里的农活少了，家里的活增多了。集体农庄庄员们现在很关注家畜。集体农庄的牛羊，被赶进了畜栏，马也被赶进了马厩。田野变空了。一群群灰色的山鹑，走到靠近人的居住点。它们在谷仓周围过夜，有时甚至还飞到村庄里来。打山鹑的时间过去了。有枪的庄员们开始打野兔了。

【叙述】
预示着秋天快结束了。

集体农庄新闻

昨天晚上，胜利集体农庄养鸡场的电灯亮了。因为白天短了，因此集体农庄庄员们决定每晚用灯光照亮养鸡场，让鸡有时间多去散步和进食。鸡非常欢喜，灯一亮，它们马上欢呼雀跃了。其中一只最活泼好斗的公鸡，歪着脑袋用左眼盯着电灯，说：“咯！咯！噢，要是你再低一些的话，我就会用嘴狠狠啄你一口！”

【运用修辞手法】
拟人手法，语言幽默而有趣。

●发自尼·米·芭芙洛娃

美味的干草粉

在所有饲料中，干草粉是最佳的调味品。干草粉是由最高档的干草制成的。小猪啊，要是你们想快点长大，请多吃

【介绍说明】
介绍干草粉的用途与原料。

干草粉吧！母鸡啊，要是你们想天天下蛋，“咯咯哒！咯咯哒”地炫耀新下的蛋，请多吃点干草粉吧！

新生活集体农庄的报道

园林队在忙着修整苹果树。现在要把它们收拾干净，换上新衣服了。除了灰绿色的苔藓胸饰外，它们就没有穿其他的衣服了。集体农庄庄员们从苹果树上摘下了胸饰，原来里面藏着害虫。庄员们在树干和接近地面的树枝上涂上石灰，避免苹果树再生虫，也免得被太阳灼伤和寒气侵袭。苹果树穿上了白衣裳，样子美丽极了。就连园林队长也开玩笑道：“我们特意在节日前夕把苹果树打扮得美丽，我还要带上这些美人儿去参加节日游行呢！”

【解释说明】点明给苹果树涂石灰的原因。

一种适合老奶奶采的蘑菇

有一位名叫阿库丽娜的百岁老奶奶，生活在黎明集体农庄。《森林报》的记者去采访她的时候，她刚好不在家。过了一会儿，老奶奶采了满满一筐蜜环菌回来了。她说：“我的眼睛老花啦！我已经找不到那些独自生长的蘑菇了，它们躲着我了。不过我采回来的这种蘑菇，都是一大片生长在一起的。它们还往树墩上爬，好像故意让自己更引人注目似的。我非常喜欢这种蘑菇，它的名字叫作蜜环菌，是一种最适合老奶奶采的蘑菇！”

【点题】结尾处与题目相照应。

冬前播种

在劳动者集体农庄，蔬菜队正在菜地里播种莴苣、葱、胡萝卜和香芹菜。把种子撒在冰凉的泥土里，按照队长的孙女儿的话，那么可以说，种子对此很不满意。小姑娘说，她听见种子抱怨说：“无论你们种不种，在如此寒冷的天，我们是不会发芽的！如果你们乐意，你们自己去发芽吧！”但是，因为秋天种子已经不发芽了，蔬菜队队员们才这么晚播下它们。春天一到，它们将会很早发芽，很快成熟。能早一点收获莴苣、葱、胡萝卜和香芹菜，是很让人高兴的事情啊。

【运用修辞手法】拟人手法，使语言更活泼、俏皮。

集体农庄的植树周

各地都迎来了植树周，苗圃里已经有许多的树苗准备好了。在各集体农庄里，将开辟出面积达好几千公顷的新果园和浆果园。集体农庄庄员们和职工们，将在农庄的附属地块上，栽种几百万棵苹果树、梨树和其他果树。

●塔斯社列宁格勒讯

【总领全文】开篇总领全文。

【叙述】点明集体农庄的植树计划。

【名师点拨】

文中主要讲述了动物们如何为过冬储存食物及对候鸟飞往越冬地原因的探索，充满趣味性。

【回味思考】

1.姬蜂给幼虫找的粮仓在哪儿？

2.“女妖的扫帚”是指什么？

3.庄员们在苹果树的树干和接近地面的树枝上涂上石灰是为了什么？

冬季客至月（秋三月）

森林中的大事

无法理解的行为

今天，我铲开积雪，检查了一下我的一年生草本植物。这种草一般只能活一个春天、一个夏天和一个秋天。不过，今年秋天我发现，它们并没有全部死掉。就算现在已经十二月份了，有许多草还带点绿色。乡村里长在房前屋后的雀稗草还活着。它的小茎交错地铺在地上(人们常常毫不怜惜地用它来擦脚)，有着长长的小叶子，开着不显眼的粉红色小花。低矮灼人的荨麻也活着。在夏天，人们不能容忍它：当你给田垅除草的时候，手会被它灼出水泡来。不过现在，在十二月份，你看见它也会很高兴的。蓝堇也活着。你还认得蓝堇吗？它是一种美丽的小植物，小叶子稍微分开，细长的小花是粉红色的，花尖是暗色的。你经常会在菜地里看见它。这些一年生的草本植物都还活着。不过，我知道，春天到了，它们就会枯萎的。它们有必要辛苦地在雪下活着吗？这个又该怎么解释呢？我不知道答案，还得去请教别人。

【外貌描写】介绍雀稗草的外形特征。

【外貌描写】介绍蓝堇的外形特征。

【留下悬念】结尾处留下疑问，启发人思考。

●发自尼·米·芭芙洛娃

森林并不死寂

刺骨的寒风在森林里自由自在地穿梭着。光溜溜的白桦树、白杨树和赤杨树左右摇摆，发出吱吱的声音。最后一批候鸟急忙离开故乡，飞走了。在我们这里度夏的鸟还有些没飞走，冬客就已经临门了。鸟儿各自的爱好和习惯是不同的：有的飞去了高加索、外高加索、意大利、埃及和印度过冬；有的鸟儿则选择留在列宁格勒州过冬。在我们这里过冬，它

们生活得舒服，吃得也很饱。

飞翔的花

赤杨的黑色树枝独自兀立在那里。树枝上光秃秃的，大地上的草都枯萎了。懒洋洋的太阳勉强从灰色的乌云后露出点脸。突然，在阳光的照耀下，许多快乐的五彩缤纷的花儿在黑色的赤杨枝上飞舞起来。花儿很大，有白色的，有红色的，有绿色的，有金黄色的。有的落在赤杨树枝上；也有的落在桦树枝上，它们身上鲜艳夺目的斑点把白色的桦树皮映衬得五光十色；有的落在地上；有的在空中扇动着艳丽的翅膀。犹如双管芦笛一样的声音在变相呼应，从地面飞向树枝，从这棵树飞向那棵树，从这片小树林飞进那片小树林。这是谁在歌唱？它来自哪里呢？

【运用拟人】
"勉强"一词，说明深秋阳光的稀少。

【设置悬念】
结尾处留下悬念，激发读者的兴趣。

从北方飞来的鸟

从遥远的北方飞来的小鸣禽，它们是我们冬天的客人：有红胸脯红脑袋的朱顶雀；有翅膀上长着五道像五个小手指头似的红羽毛的凤头太平鸟，它是烟灰色的；有深红色的松雀；有金绿色的黄雀；有绿色的雌交嘴鸟和红色的雄交嘴鸟；还有黄羽毛的小金翅雀，胖乎乎、胸部丰满的鲜红色灰雀。在我们这里生活的黄雀、金翅雀和灰雀，已经飞到了较暖和的南方去了。以上说到的这些鸟，原本都是生活在北方的鸟。现在，北方实在太冷，因此它们来到我们这儿，它们觉得挺暖和的。黄雀和朱顶雀喜欢吃赤杨子和白桦子，太平鸟和灰雀喜欢吃花楸果和其他浆果，交嘴鸟喜欢吃松子和枞树子。它们的肚子都吃得圆圆的。

【外貌描写】
介绍几种从北方飞来的鸟的外形特征。

从东方飞来的鸟

低矮的柳树上，茂盛的白玫瑰花竟然绽放了。这些白玫瑰在灌木丛间飞舞着，在树枝上盘旋，它那有力的黑色细脚爪在飞速活动着。像花瓣一样的小白翅膀，在空中一晃一晃的。天空中传来了轻柔悦耳的啁啾声。原来是白山雀。它们本来是生活在东方的，从大雪纷飞的严寒的西伯利亚，穿

【动作描写】
"飞舞""盘旋"等词，形象地突出了白山雀轻盈、美妙的姿态。

【解释说明】

解释白山雀从东方飞来的原因。

越了乌拉尔高山，飞到我们这里。那里已经是冬天了，低矮的河柳早已被积雪淹没了。

冬眠的时候到了

【运用修辞手法】

“愤怒”“生气”等词，以拟人手法将下雪对獾的影响表现出来了。

大片的乌云挡住了太阳。天空中阴沉沉的，飘洒着漫天的雪花。一只强壮的獾子，愤怒地、一瘸一拐地朝洞口走去。它有些生气，因为森林里既潮湿又泥泞。该钻到地底深处，钻到干燥、整洁的沙土洞里去，该躺下来冬眠了。在树丛里，羽毛蓬松的林中小乌鸦——北噪鸦打起了架，湿湿的咖啡色羽毛闪着光。它们大声吵闹。在树顶，一只老乌鸦低沉地“哇哇”叫了一声。这是因为，它看见远处有一具动物的尸体。它飞了过去，蓝黑色的翅膀闪着漆亮的光。森林里一片寂静。雪花沉甸甸地飘洒在发黑的树木和褐色的大地上。地上的落叶渐渐腐烂。雪下得更大了，简直就是鹅毛大雪。大雪覆盖了黑色的树枝，覆盖了大地。我们列宁格勒州的伏尔霍夫河、斯维尔河和涅瓦河受到严寒的侵袭，陆续封冻了。连芬兰湾也结冰了。

最后的飞行

(摘自少年自然科学家日记)

【动作描写】

将小蚊子飞行的姿态表现得生动而逼真。

【行为描写】

介绍小蚊子和小蝇子的生活现状。

在十一月的最后几天，风把雪刮成一堆一堆的。突然，气温上升了。不过，雪依旧没有融化。早上，我在散步时，看见黑色的小蚊子在雪地上到处飞舞，在灌木丛里或者树木间的大路上到处都是。它们无力地飞着，从下面升起来，仿佛被风推着飞了一个弧形(虽然不见一丝风)，再侧着身子落在雪地上。下午，雪开始融化，慢慢地从树上往下掉。只要你一抬头，雪水就会滴进你的双眼，或者湿冷的雪尘会洒在你的脸上。这时，无数的黑色小蝇子不知从何处飞了出来。夏天我从未见过这种小蚊子和小蝇子。小蝇子快乐地飞舞着，不过飞得很低，紧挨着雪地。晚上，温度降低了，小蝇子和小蚊子都藏在隐秘的地方了。

●发自森林记者维利卡

逃命的松鼠

许多松鼠迁移到我们这儿的森林里来了。在它们居住的北方,松果已经不够吃了。那里的收成不好。松鼠各自散到松树上。它们用后爪抓住树枝,用前爪捧着松果咬。一只松鼠捧着的松果,从脚爪滑落到雪地上了。松鼠很可惜这只松果,气呼呼地叫着,从一根树枝蹦到另一根树枝,跳到下面去了。它在地上又蹦又蹿,后脚一撑,前腿一托,向前跳去。它看见一团黑漆漆的毛皮和一双机敏的小眼睛从枯枝堆里露出来。松鼠吓得把松果都忘了。它慌忙往眼前的树上蹿,顺着树干往上爬。一只貂从枯枝里跳出来,跟在后面追了上来,沿着树干迅速地往上爬。松鼠已经爬到了树梢上。貂沿着树枝爬上来。松鼠一跳,跳到了另一棵树上。貂把像蛇一样细长的身子缩成一团,背脊弓成弧形,纵身一跳。松鼠顺着树干飞跑。貂紧跟在后面,也顺着树干飞跑。松鼠的动作很灵敏,可是貂的动作更灵敏。松鼠跑到树顶,没办法再往上跑了,周围也没有别的树。貂眼看要追上它了,松鼠从一根树枝跳上另一根树枝,再向下一蹦。貂紧追不舍。松鼠在树梢上跳,貂在粗一些的树干上追。松鼠跳呀跳,跳到了最后一根树枝上。下面是地,上面是貂,无路可走！它一下蹦到地上,又飞快地朝另一棵树跑去。可是,在地上,松鼠根本不是貂的对手。貂三蹦两跳就追上了松鼠,把它扑倒在地。于是松鼠就失去了性命。

【解释说明】
解释松鼠迁移的原因。

【动作描写】
"蹦""蹿""撑""托"等词,形象地刻画出松鼠跳动的姿态。

【叙述】
松鼠的逃命以失败告终。

又一个夜强盗

在我们的森林里,又来了一个夜强盗。它很难被看见,那是由于夜里漆黑一片,在白天它的颜色又无法和雪区分开。它是北极区域的居民,所以它的皮毛跟北方常年不化的白雪是同一个颜色。没错,它就是北极的雪地猫头鹰。它的个头和普通猫头鹰差不多,只不过力气稍小一些。它捕食飞鸟、老鼠、松鼠和兔子等动物。它的故乡是冻原带,天寒地冻,那些小动物几乎全躲到洞里去了,鸟儿也都飞走了。饥饿迫使雪地猫头鹰到处游玩,暂居在我们这儿。它准备明年

【解释说明】
阐述夜强盗的外形特征。

春天返回故乡。

啄木鸟的劳动车间

在我们的菜园子后面，生长着许多老白杨树和老白桦树，还有一棵生长多年的枞树。枞树上挂着几个球果。这时飞来一只五彩啄木鸟，采这些球果。啄木鸟落在树枝上，用长嘴啄下一个球果，沿着树干往上跳。它把球果塞进树缝里，用嘴啄。

【场景描写】介绍啄木鸟啄球果的过程。

它把球果里的籽都啄出来了，然后把球果往地上一扔，又采第二个球果。它照旧把第二个球果塞进那条树缝里，第三个球果也一样，它就这样整天忙到晚。

●发自森林记者勒·库波列尔

熊老师

熊为了躲避刺骨的寒风，喜欢把熊窝设在地势低的地方，还有的设在沼泽地和茂密的小枞树林里。不过，让人奇怪的是：要是这年冬天不冷，经常有暖和的融雪的天气，那所有的熊一定会睡在地势高的地方，比如小丘上，小山冈上。好几代猎人查证过这件事。显然，熊害怕融雪的天气。没错，如果冬天有一股融化的雪水流到熊的肚皮底下，天气又忽然变冷，熊毛蓬蓬的皮外套就会被冰水冻成铁板，那就糟糕了！那就必须跳起来满森林里乱窜，哪怕稍微暖和一点也好！如果不睡觉，不停地活动，就会把身上贮存的热量消耗殆尽，那么，就必须靠吃东西来增强体力。不过冬天，熊在森林里根本没有东西可吃。所以，要是它预见这年冬天暖和，它就会给自己选个高一些的地方筑窝，避免在冰雪融化的天气里，被融化的雪水打湿身体。这个道理很简单。不过，熊到底根据什么样的特异功能预测天气的冷暖呢？早在秋天，为什么它就能准确无误地为自己在沼泽地上，或者丘冈上，选择一个合适的地方筑窝呢？我们还无法知道。请你钻到熊洞里去，问一下熊老师吧！

【提出疑问】提出疑问，引起读者注意。

【设置悬念】再次提出疑问，启发读者思考。

集体农庄纪事

我们集体农庄的庄员们，今年把工作做得很出色。我们州的许多集体农庄，每公顷收获1500公斤粮食，这已成了一件平常事。每公顷收获2000公斤粮食，也是很常见的了。一些优秀生产队的粮食产量巨大，这些先进工作者们有权获得“社会主义劳动英雄”的光荣称号。政府很尊重光荣的田间劳动者们的努力，用“社会主义劳动英雄”的光荣称号，用各种勋章和奖章来表彰集体农庄庄员们取得的成就。

【总领下文】
开篇统领下文。

冬天来了。集体农庄农田里的活都干完了。妇女们在牛栏里劳动，男人们运送牲畜吃的饲料。家有猎狗的人出去打灰鼠。还有许多人去砍伐木材。灰山鹑群离农家小院越发近了。孩子们都上学去了。白天，他们布下捕鸟网，在小山上滑雪，或者滑小雪橇；晚上预习功课、看书。

【场景描写】
详细描述冬季集体农庄的人们的生活状态。

我们比它们聪明

【转折】
转折句。

降下了一场鹅毛大雪。我们发现，老鼠在雪下面挖了一条地道，通到了苗圃的小树前。不过，我们比它们更加聪明：我们把每棵小树四周的雪，踩得非常紧实。于是，老鼠就不能钻到小树跟前来了。那些钻到雪外面的老鼠，不久就冻死了。小兔这个小坏蛋也常常跑到果园里来。我们想出了保护果园的办法：我们用稻草和多刺的枞树枝把全部小树包裹起来。

●发自吉玛·布罗多夫

集体农庄新闻

挂在细蛛丝上的房子

【外貌描写】
介绍小房子的结构特点。

小房子挂在细蛛丝上，风一吹，小房子就不停地摇晃，在这种小房子里可以过冬吗？房子墙的厚度不及一张纸，房间里却没有取暖设备。其实，在这种小房子里是可以过冬的！我们见过很多这种设备简陋的小房子。它们低垂在苹果树枝的蜘蛛网上，是用枯树叶制作而成的。集体农庄庄员们把它们拿下烧毁，因为小房子里住着一些坏蛋：苹果粉蝶的幼虫。如果留下来过冬，春天一到，它们肯定会咬坏苹果树的芽和花。

【转折】
转折句，引出下文。

森林里既有坏蛋，又有救星。在昨天夜里，光明之路集体农庄发生了一桩盗窃案。将近半夜时，有一只大兔子钻进了果园。它想啃食小苹果树的皮，不过那些苹果树干，像枞树干一样多刺。这个贼尝试了多次，每次均以失败告终，不得不离开光明之路集体农庄的果园，消失在附近的森林里。集体农庄庄员们想到会有林中强盗来侵犯果园，因此砍下了许多枞树枝，预先把苹果树干保护起来了。

【行为描写】
农庄的人们有办法防贼。

黑棕色的狐狸

市郊的红旗集体农庄里建了一个养兽场。昨天，一批黑棕色的狐狸运到了。人们纷纷跑出来迎接和观看这批集体

农庄的新居民。所有会走路的学龄前儿童都过来了。狐狸用怀疑的眼神，胆怯地观察着迎接它们的人群。只有一只狐狸，这时淡定地打了个哈欠。“妈妈！”一个戴着一顶便帽、围着白头巾的小孩子叫道：“别把这只狐狸围在脖子上。它会咬人啊！”

【语言描写】
小孩的话幽默有趣，让人忍俊不禁。

●发自尼·米·芭芙洛娃

在温室里

在劳动者集体农庄里，大家正在挑选小葱和小芹菜根。生产队队长的孙女问道：“爷爷，这些是给牲口准备的饲料吗？”生产队长露出笑容：“不是的，孙女儿，我们现在要把这些小葱和芹菜种植在温室里呢！”“为什么要种在温室里呢？这样可以长得更高更大吗？”“不是的，孙女儿。这样它们就可以在每个季节里给我们提供绿色蔬菜吃了。我们在冬天也能在马铃薯上撒葱花，也可以在汤里吃到绿油油的芹菜了。”

【语言描写】
结尾指明在温室种植小葱和芹菜的原因。

要不要盖厚被子

上个星期天，一个外号叫米克的九年级学生，来到了曙光集体农庄。在马林果树旁，他碰到了生产队长费多谢其。“老爷爷！您这里生长的马林果不会冻坏吧？”米克问，好像他是个专家一样。

“当然不会啊。”费多谢其回答，“它可以在雪底下安全过冬。”“在雪底下过冬？老爷爷，这是真的吗？”米克接着说，“马林果树长得比我还高。您觉得会下这么深的雪吗？”“我估计只会下普通的雪。”老爷爷回答，“大专家，你告诉我，在冬天，你盖的被子比你的身高厚吗？”“这和我的身高有关系吗？”米克笑了起来，“我是躺着盖被子的。老爷爷，您知道吗？我是躺着盖被子的！”“是啊！我的马林果树也是躺着盖雪被的。只是，大专家，你是自己躺到床上，而马林果树是我把它们弯到地上的。我让一棵棵马林果树稍稍弯下腰，把它们绑起来，就这样它们躺在地上了。”“老爷爷，您比我想象中要聪明。”米克说。“不过，你没有我想象中聪明。”费多谢其回答。

【语言描写】
“大专家”一词，含有调侃的意味。

小助手

【解释说明】
详细介绍孩子们在集体农庄的劳动情况。

现在，在集体农庄的谷仓里，每天可以遇到孩子们。有些孩子帮助挑选预备用于春播的种子；有些孩子在菜窖里干活，仔细选择最好的马铃薯留作种子。男孩子们也在马厩和铁工厂里帮忙。许多孩子常常在牛棚、猪圈、养兔场和家禽棚里充当助手。我们既在学校里学习，又在家里帮忙干农活。

●发自大队委员会主席尼古拉·利华诺夫

【名师点拨】

文中主要报道了秋三月时，动植物不同的生活状况，描写生动，富有特色。

【回味思考】

1. 文章提到，从遥远的北方飞来的有哪些鸟？
2. 啄木鸟如何啄果球？
3. 孩子们在集体农庄过着怎样的生活？

小径初白月（冬一月）

冬天的书

大地上铺上了一层白雪。现在田野和林中空地，如同一本巨大的书。每个人在上面走过，都会留下一行字：某某到此一游。白天下了一场雪。雪停了，这书页又变得干干净净。如果早晨你来看，会看见洁白的书页上，有各种各样奇怪难解的符号、线条、圆点和逗点。其实，是夜里有各种各样的林中居民来过这里，它们在这里漫步，蹦蹦跳跳，做了一些事情。那么到底谁来过这里？它们又做了什么呢？一定要赶快弄明白这些难解的符号，读懂这些神秘的句子。否则，一场雪过后，这一切就会消失在我们的视线里，在你眼前又将出现一张干净、平整的白纸。

【运用修辞手法】比喻形象。

【运用修辞手法】运用比喻、拟人手法，既形象，又生动，指出这些符号是林中各种动物的脚印。

动物用鼻子读

每一位林中居民都在这本冬天的书上签字了，它们留下了各自的笔迹和符号。人们用眼睛来分辨这些符号。当然，

【运用修辞手法】巧用比喻、拟人，语言生动有趣。

不用眼睛，那用什么呢？然而动物却很神奇地用鼻子读。比如，狗用鼻子嗅嗅冬书上的字，就会知道“狼来过这里”，或是“有一只兔子刚经过这里”。走兽的鼻子是非常灵敏的，它绝不会读错的。

【转折】
转折句。

用什么写字

大部分走兽都是用脚写字的。有的用五个脚指头写；有的用四个脚指头写；有的用蹄子写；还有的用尾巴、鼻子，甚至是肚皮写。飞禽用脚和尾巴写字，它们还用翅膀写字。

【概括全文】
中心句，概括全文。

楷体和花体

记者们学会了阅读这本讲述林中大事的冬书。他们花费很多精力才掌握了这门学问。原来并不是所有的林中居民都用楷书签字，有的更喜欢用漂亮的花体。灰鼠的笔迹极易辨认并牢记。它在雪地上一蹦一跳，好像在玩跳背游戏一样。它跳的时候，短短的前脚撑住地，长长的后腿又得很开，向前伸出老远。前脚印极小，并排印着两个圆点；后脚印长长的，分得很开，好像两只小手，伸着纤细的手指。

【承上启下】
承上启下。

【动作描写】
一连串的动作描写，写出了灰鼠在雪地“写字”的过程。具体而生动。

老鼠的字虽然小，不过却简单易辨认。它从雪底下爬出来时，一般先绕个圈子，再朝着目的地一路跑去，或者退回到鼠洞里。这样一来，在雪地上留下一长串冒号，冒号与冒号之间的距离等长。飞禽的笔迹也极易辨认。比如，在雪地上，喜鹊的三只前脚指头留下小十字，后面的第四个脚指头留下一个短破折号。在小十字的两侧，印着好像手指头一样、翅膀上羽毛的痕迹。在雪上的某些地方，它那梯形长尾巴，肯定会留下痕迹。

这些签字都没有什么花样，极易看出来：这是一只灰鼠从树上爬下来，在雪地上跳跃了一阵，又爬上树了；这是一只老鼠从雪底下跳出来，跑了一阵，转几个圈，又钻回雪底了；这是一只喜鹊落了下来，在冻得坚硬的积雪上跳了一会，尾巴在积雪上碰了一下，翅膀在积雪上扫了一下，就飞走了。不过，你要试着查看狐狸和狼的笔迹，如果没看惯，一定会被弄得云里雾里的。

【叙述】
结尾处提出狐狸和狼的印迹难以辨认。

小狗和狐狸，大狗和狼

【过渡句】
承上启下。

狐狸的脚印和小狗的脚印很相似。其区别就是：狐狸把脚爪缩成一团，几只脚指头紧紧地并在一起；狗的脚指头是张开的，所以它的脚印浅一些，松一些。狼的脚印和大狗的脚印很相似。其区别就是：狼的脚掌两侧往里缩，因此狼的脚印比狗的脚印更长、更匀称；狼的脚爪在雪上印得更深；狼的前爪印和后爪印之间的距离，比狗爪印之间的距离大一些。狼的前爪印，在雪地上通常汇合成一个印子。狗脚指头上的小肉疙瘩并拢在一起，狼的不是。这些是识别动物脚印的基础知识。最难读懂的是狼的脚印，因为狼诡计多，会故意弄乱脚印。狐狸也一样。

狼的诡计

【运用修辞手法】
以比喻手法，表现狼的脚印的特点。

在狼走路或者小跑的时候，它往往把右后脚整齐地踩在左前脚的脚印里，把左后脚整齐地踩在右前脚的脚印里。因此，它的脚印像一条绳子一样笔直。当你看到这样的脚印，会觉得有一只强壮的狼经过这里了。错，应该这样理解才对："有五只狼经过这里。"走在最前面的是一只聪明的母狼，一只公狼在后面跟着，然后是三只小狼在后面跟着。它们谨慎地踩着母狼的脚印走，你根本想不到这是五只狼的脚印。要认真训练自己的双眼，才能成为一个善于观察，并能根据雪径追踪野兽的好猎人（猎人们把雪地上的兽迹称作雪径）。

冬天的树木

【自问自答】
设问句，自问自答，引起读者的注意。

冬天树木会冻死吗？会。如果一棵树冻透了，冻到了心脏，那就必死无疑了。在特别寒冷、少雪的冬季，就会冻死不少树木，其中大多数是小树。如果树木不想点妙计保暖，让寒气侵袭到了身体内部，那么所有的树木都会冻死。摄取养分、生长发育和孕育后代都需要消耗大量的力和能，要耗费大量的热。树木在夏天里积聚起充分的能量，到冬天就停止摄取营养，停止生长，停止消耗能量繁殖后代。它们变得无

所事事，陷入深沉的睡眠之中。树叶会散发大量的热量，所以，冬天树木会抛弃树叶！树木抛弃树叶，就是为了把维持生命必不可少的热量保存在体内。何况，从树枝上掉落的树叶，在地上腐烂了，也会散发热量，保护娇嫩的树根不受冻。不仅如此，每一棵树都有一副铠甲，保护植物的活机体不受严寒的侵袭。在每年夏天，树木都在树干和树枝皮下，储存多孔隙的软木组织：无生命的夹层填料。软木既不透水又密不透气。空气滞留在软木的气孔中，不让树木活机体中的热量向外散发。树越老，软木层就越厚，所以老树、粗树比小树、细树更容易熬过寒冬。树木不仅有软木铠甲。如果酷寒穿透了这层铠甲，那么在植物的活机体中，它将遇到化学防线。冬季来临之前，在树液里积蓄起各种盐类和可以转化为糖的淀粉。盐类和糖的溶液的抗寒能力都很强。不过，松软的雪被才是树木最好的防寒设备。大家都知道，体贴入微的园丁们把畏寒的小果树弯到地上，用雪把它们埋起来。这样，小果树就暖和多了。在白雪皑皑的冬天，大雪像床鸭绒被，把森林覆盖起来；无论天多么冷，树木也不害怕了。无论严寒怎样袭击，它也无法冻死北方的森林！我们的“森林王子”抵御严寒最厉害。

【过渡】
过渡自然。

【转折】
转折句。

【运用修辞手法】
比喻形象、生动，表现冬天的雪的特点。

雪下牧场

附近都是白茫茫的一片，积雪很深了。你想到大地上只有积雪，花儿凋谢了，草儿枯萎了，这该多么郁闷啊！人们总是这么觉得，甚至还自我安慰道：“唉，算了吧！大自然的规律是无法改变的！”其实，我们对大自然的了解太少了！今天天晴了，也非常暖和。在这一天，我蹬上滑雪板，滑到了小牧场，把小试验场里的积雪清除干净了。积雪清除完了，阳光照亮了正月的花草，照亮了趴在冰冻的地面上的小绿叶，照亮了从枯草根下钻出来的新鲜的小尖叶，也照亮了被积雪压倒在地的各种小绿草茎。在这些植物中，我看到了我种的毛茛，它在冬季之前就开花了，现在在雪底下保存着所有的花朵和花蕾，正等待着春天的降临。就连花瓣都没有掉落！在我这小小的试验场上有多少种植物呢？共有 62 种。其中

【运用修辞手法】
以排比句加强语势，同时也将冬天天晴后大地的生机表现出来了。

有36种透着绿色，有5种开着花。你还说正月我们牧场上既看不到草，也看不到花呢！

●发自尼·米·芭芙洛娃

森林中的大事

【引出下文】
中心句。

下面几件森林中的大事，都是森林记者根据雪径读出来的。

可怕的脚印

森林记者在树下发现了一串很长的爪印，一看就让人毛骨悚然。爪印本身不是很大，和狐狸的爪印差不多，不过这爪印像钉子一样又直又长。如果被这样的脚爪抓一下肚皮，一定会被抓破的。记者警惕地沿着爪印走，来到一个巨大的洞前，洞口的雪地上散落着细毛。他们仔细观察了一下：这细毛笔直坚硬，不易扯断；白色的毛，黑色的毛尖。人们经常用它做毛笔。他们马上就懂了：原来洞里住的是獾。獾是个多愁善感的家伙，不是十分可怕。它趁着天晴化雪，出来散散步。

【解释说明】
简要介绍细毛的颜色、质地等特征。

雪下的鸟群

兔子在沼泽地上一蹦一跳的。它从这个草墩上，跳到那个草墩上，来回跳着，也不觉得累，突然扑通一声摔了下来，掉到了雪里，雪没到它的耳朵边。兔子感觉脚下有个活的东西在动。就在这时，在周围的雪底下，有一大群白鹧鸪飞起来了。兔子吓坏了，急匆匆地跑回了森林。原来在沼泽地的雪底下生活着整整一群白鹧鸪。在白天，它们会飞出来，在沼泽地上散步，挖雪里的蔓越橘吃。它们吃饱了，又回到雪底下。它们住在那里又暖和又安全。有谁发现它们躲藏在雪下呢？

【承上启下】
承上启下。

雪爆炸了，鹿得救了

【设置悬念】
设置悬念，引起下文。

记者猜了许久也猜不透雪地上的一些脚印子，它们就像谜一般。起初是一些步态安稳的细小狭窄的蹄印。这不难

明白：有一只母鹿在林子里走过，它没预感到灾难就要降临到它的头上。突然，在蹄印旁，出现了一些大脚爪印，这时母鹿的脚印开始跳跃了。这也很好懂：一只狼从密林里看见了母鹿，向它扑过来。母鹿迅速地从狼身旁逃走。然后，狼脚印离母鹿脚印越发近了，眼看着狼就要追上母鹿了。在一棵倒地的大树旁，两种脚印恰好混在了一块。看来，母鹿刚刚跳过大树干，狼就紧跟着追了上去。树干的那边，有个深坑，坑里的积雪被击碎了，到处都是。好像有个巨型炸弹在雪下爆炸了一样。后来，母鹿的脚印朝一个方向，狼的脚印却朝另一个方向，中间还有些不知从何处冒出来的巨大的脚印——和人光着脚的脚印极像，只是还带着可怕的、弯曲的爪印。到底是一颗怎样的炸弹埋在了雪里？这巨大的新脚印究竟是谁的？狼为什么朝一个方向跑，母鹿朝另一个方向跑？究竟发生了什么？记者思考着这些问题。终于，他们弄明白了这巨大的爪印是谁的，这一切都真相大白了。母鹿用它的飞毛腿，轻松地跳过了倒在地上的树干，向前飞奔。狼紧跟着也跳了起来，不过没有跳过去。因为它的身子太重，“扑通”一声，从树干上摔进了雪里，四条腿陷入了熊洞里。这时熊正好在树干底下睡觉。它从睡梦中被惊醒，无比惊慌地一跃而起，就这样冰雪和树枝到处乱飞，好像炸弹炸过一样。熊迅速地向树林里逃窜，以为有猎人向它进攻。狼栽进了雪里，见到这么个胖家伙，忘了追母鹿，只顾逃命去了。而母鹿早就跑得无影无踪了。

【前后呼应】与首句相呼应。

【场景描写】揭示事情发生的过程。

雪海深处

初冬时节，雪下得并不是很多，这时田野和森林里的野兽过着最艰难的日子。地面光秃秃的，冻土越积越厚。地洞里也变冷了。鼹鼠也在遭罪，它费了好大力气用它那铁锹似的脚爪，挖掘硬如石头的冻土。老鼠、田鼠、伶鼬和白鼬又该如何是好呢？终于下起大雪了。下呀下，积雪也不再融化。一片白茫茫的雪覆盖了整个大地。人站在大地上，雪没到了膝盖。榛鸡、黑琴鸡还有松鸡，都把头钻进了雪里。

【总括句】总领全文。

老鼠、田鼠、鼩鼱和其他不冬眠的穴居小动物都从地下住所钻出来了，在雪底来回地跑着。凶猛的伶鼬，也不停地在雪海里钻来钻去，就像一只小不点海豹。它偶尔跳出雪地待一两分钟，看是否有榛鸡从雪底探出头来，看完又钻回雪海底。就这样，它悄无声息地从雪下钻到鸟跟前。雪海底比雪海面暖和得多，肆意的寒风，冬天的死亡气息，都吹不到那里。深厚的干水层不让严寒接近地面。许多穴居的老鼠，把自己的冬巢直接筑在雪下的地上，好像到冬季别墅里避寒一样。有一对短尾巴田鼠，用草和毛在一棵盖着雪的灌木枝上做了个小巢。从巢里还冒出轻微的热气。有几只刚出生的小不点田鼠，就居住在这厚雪覆盖下的暖和的小巢里。它们身上光溜溜的，眼睛还没睁开呢！那时严寒肆虐，达到零下20℃呢！

【过渡】
过渡句。

冬天的中午

在一月的一个阳光明媚的中午，被白雪掩盖的树林无比安静。熊正在秘密的洞穴里睡大觉。在熊的头顶，是被雪压得垂下来的乔木与灌木。从这些树木的缝隙，依稀可见许多奇特的小住房的拱形圆顶、空中走廊、庭阶和窗户，还有古怪的带尖顶房盖的塔形小屋。这些东西都在闪闪发光：无数小雪花，仿佛金刚钻一样一闪一闪的。一只小鸟，好像从地下钻出来一样，突然跳了出来。它有一条锥子似的尖嘴巴，尾巴向上撅着。小鸟展翅飞到枞树顶，啼啭声在整个树林里回荡！这时，一只绿色的浑浊的眼睛，出现在雪房子下地洞的小窗口前。不会是春天提前降临了吧？这是熊的眼睛。熊总是在它进洞睡觉的那一面，留一扇小窗。谁知道树林里会发生什么事！还好，在金刚钻般的房子里，平安无事。于是，眼睛从窗口消失了。小鸟在冰雪覆盖的树枝上，蹦了一阵，钻回了雪帽子底下的树桩里去了，在那里，它拥有一个用柔软的苔藓和绒毛制作而成的温暖的冬巢。

【运用比喻】
比喻手法，突出了小雪花营造的这个晶莹剔透的世界。

【转折】
转折句。

集体农庄纪事

树木在严寒中沉睡。树干里的血液（树液）被冻得凝住了。在树林里，锯子的声音不停地响着。整个冬天，人们都在砍伐木材。冬天砍伐的木材是最珍贵的，因为此时的木材干燥结实。为了让木材在春天时随河水漂浮出去，人们把锯下来的木材搬运到附近的河流边，并且修建冰道。他们在积雪上浇水，就像浇溜冰场一样。集体农庄庄员们在准备春播。他们在选种和观察庄稼苗。田野里的灰山鹑群，都定居在打谷场周围。它们时常飞到村子里来，因为它们很难在厚积雪下找到食物吃。就算扒开了积雪，要用细瘦的脚爪刨开厚厚的冰层，那更困难了。冬天极易捕捉山鹑，不过这是犯罪行为，法律禁止冬天捕捉柔弱的山鹑。聪明的猎人，冬天还时不时地喂喂山鹑，在田野里给它们用枞树枝搭起小棚子，在棚底下撒上燕麦和大麦。这样，就算在最酷寒的冬

【过渡】
过渡句，承接上文。

【解释说明】
指出山鹑在冬天得以存活的原因。

季，美丽的山鹑也不至于饿死。第二年夏天，每一对山鹑又会孵出二十只或二十只以上的小山鹑来，这是多么好的事情啊！

集体农庄新闻

耕雪机

昨天，我到启明星集体农庄，去看望我的中学同学米沙，他是一名拖拉机手。米沙的妻子给我开的门，她很喜欢开玩笑。“米沙还在耕地呢！”她说。我想：她又在跟我开玩笑。这玩笑开得有点假：在耕地呢！可能连托儿所里刚会爬的孩子都明白，冬天不耕地。于是我也打趣地问道：“在耕雪吧？”“不耕雪，还耕什么？当然是在耕雪。”米沙的妻子回答。我去找米沙。真是令人惊讶，我的确是在田里找到他的。他开着拖拉机，拖拉机后面挂着一只长木箱。木箱把雪堆到了一起，堆成一堵结实的高墙。“米沙，这是在做什么？”我问。“这是用来挡风的雪墙。如果不堆这一堵墙，风就会在田里乱窜，把雪都刮走了。如果没有雪，秋播谷物就会冻死。所以，我在用耕雪机耕雪呢！”

【语言描写】
表现出“我”的诙谐幽默。

●发自尼·米·芭芙洛娃

冬季作息时间表

集体农庄的牲畜，现在根据冬季作息时间表生活：在规定的时间睡觉、吃饭和散步。四岁的集体农庄女庄员马莎向我们解释：“我和我的小朋友们，都上幼儿园了。也许牛和马也上幼儿园了。我们去散步，它们也去散步；我们回家了，它们也回家。”

【叙述】
说明农庄的牲畜生活很有规律。

绿腰带

一排排匀称的枞树沿着铁路线，延伸了数公里长。这条绿腰带保护着铁路免受风雪侵袭。在每年春天，铁路职工都要种植数千棵小树，来延长这条绿腰带。今年种了十万多棵枞树、洋槐和白杨，以及将近三千棵果树。铁路职工们还在苗圃里不懈地培育着各种树苗。

城市新闻

小苍蝇

在出太阳的日子里，温度表的水银柱上升到了0℃。在花园里、林荫道上和公园里，许多无翅膀的小苍蝇从雪下面爬了出来。它们在雪上整整爬了一天。

晚上，它们又躲藏到了冰缝和雪缝里。它们居住在幽静暖和的角落里，躲在落叶或苔藓下。它们爬过之后，并没有在雪上留下痕迹。因为这些小虫子身子很小、很轻，要使用倍数很大的放大镜，才可以看清它们：凸出的长嘴巴、奇特的角和纤细的光脚。

【介绍说明】
介绍小苍蝇的生活环境。

国外消息

有人从国外给《森林报》编辑部寄来了有关候鸟生活详情的报道。我们著名的歌手夜鹰在非洲中部过冬，百灵鸟生活在埃及，椋鸟去了法国南部、意大利和英国旅行。它们在那儿不唱歌，只顾着吃东西去了。它们没有做巢，也没有养育后代；它们一直在等待春天的到来，等待着飞回故乡的那天。俗话说：“在家千日好，出门万事难。”

【解释说明】
指出几种候鸟分别在哪里过冬。

在埃及的百鸟聚会

埃及是鸟儿冬季的乐园。伟大的尼罗河上分出无数支流，河滩上淤泥遍布；河水泛滥所到之处，形成了肥沃的牧场和农田。湖泊和沼泽遍布，有咸水湖，也有淡水湖；暖和的地中海沿岸弯弯曲曲，形成了众多港湾：在这些地方，丰盛的食物应有尽有，能招待千千万万的鸟儿。夏天，这里是鸟的聚集地；冬天，我们的候鸟也飞过来了。百鸟聚会，场面盛大。好像全世界的鸟都聚在这里。

【点题】
开篇点题。

水禽密密麻麻地栖息在湖上和尼罗河支流上，从远处看，连水都看不见了。嘴巴下长着个大肉袋的鹈鹕，和我们的小灰鸭和小水鸭一起抓鱼。我们的鹬在漂亮的长脚红鹤之间来回地踱步，一看见五彩的非洲乌雕或者我们的白尾金

【运用修辞手法】
以夸张手法突出埃及水禽众多的特点。

雕，它们就各自逃散了。如果湖面上响起了枪声，成群的各色鸟儿立刻密密麻麻地飞起来，发出震耳的声音，就像同时敲响了千面鼓。瞬间，在湖面上空有一大片黑影，那是飞起来的鸟群挡住了太阳。我们的候鸟就这样生活在冬天的住所里。

国家禁猎区

在我们广阔的国土上，也有一处鸟的乐园，那里不比非洲的埃及差。我们的许多水禽和沼泽地里的鸟，都会飞到那里过冬。和埃及一样，在那里，冬天你可以看见一群群的红鹤和鹈鹕，其中还混杂着众多的野鸭、大雁、鹬、鸥和猛禽。我们这儿说的是冬天，但那儿碰巧没有冬天，没有我们这样的积雪、严寒和大风雪的冬天。在温暖的、淤泥遍布的浅海湾里，在芦苇丛生、灌木茂密的沿岸，在风平浪静的草原、湖泊上，一年四季各种各样的鸟食无比充足。这些地区都是禁猎区，不允许猎人捕杀这些辛苦了一夏飞来歇息的候鸟。这里就是位于里海东南岸的阿塞拜疆境内，在林柯拉尼亚附近的，我国著名的塔雷斯基政府禁猎区。

【叙述】
文字简短，起强调的作用。

【点题】
结尾处点题，呼应全文。

惊动非洲南部

在非洲南部，发生了一件轰动的大事。在一群从天空飞落的白鹳中，人们看到其中有一只脚上套着白色的金属环。人们捕捉了这只戴环的白鹳，看到了金属环上刻的字：莫斯科鸟类学研究委员会，A 组第 195 号。报纸上刊登了这则消息，因此我们知道了，这只戴环的白鹳是在哪里过冬的。科学家利用给鸟戴脚环的方法，知道了关于鸟类生活让人惊奇的秘密，比如它们的越冬地、飞行路线等等。因此，世界各国的鸟类学研究委员会都用铝制作了大小不一的环，在环上刻上了各自机构的名称，还刻上组号(按环的大小分组)和编号。要是有谁抓住或打死这种带环的鸟，应该按照环上刻着的机构名称，通知相关科研单位，或者在报上刊登这个消息。

【过渡】
过渡句，引出下文。

【名师点拨】

这章主要报道了在冬天，每一位林中居民都在雪上留下了怎样的笔迹和符号，还讲述了候鸟过冬的情况，内容丰富多彩。

【回味思考】

1.老鼠在雪地上留下的字是怎样的？

2.狼在雪地上使用了什么诡计？

忍饥挨饿月（冬二月）

森林中的大事

凛冽的寒风

【运用修辞手法】
以夸张手法形象地突出冬季的寒冷。

凛冽的寒风在空旷的田野里飘荡，在光溜溜的白桦树和白杨树间自由飘荡。冷风渗入紧密的羽毛，钻入浓密的皮毛，冻得血液都凝住了。动物们既不能蹲在地上，也不能栖在树枝上，脚爪都冻僵了！一定要跑着、跳着、飞着，想尽办法取暖。要是谁有暖和舒适的洞穴或鸟巢，有储满粮食的仓库，谁就能过好日子。它可以吃得饱饱的，蜷缩成一团，好好地睡上一觉。

必须填饱肚皮

【叙述】
指出吃饱才是飞禽走兽最重要的任务。

【提出问题】
疑问句，引出下文。

飞禽走兽，最重要的任务就是填饱肚皮。吃饱后它的身体才会有能量，鲜血才会变得热起来，这样它的全身也就暖和了。皮下脂肪，是暖和的毛皮大衣或羽绒大衣最理想的里子。就算寒气能穿透毛皮，钻入羽毛，可它绝对穿不过皮下脂肪。要是食物充足，冬天就并不可怕。不过，在寒冬上哪儿去找食物呢？狼和狐狸在树林里来回走着，树林里空荡荡的，飞禽走兽有些躲起来了，有些飞走了。白天，乌鸦飞来了；晚上，雕鸮飞来了，它们在寻找猎物，不过，根本找不到猎物！在林子里，大家都饿着肚子呢！

免费大餐

【环境描写】
环境描写，衬托夜晚的幽静，为下文做铺垫。

乌鸦最早发现了一具马的尸体。一大群乌鸦飞了过来，发出“呱！呱！”的声音，准备开始吃晚饭了。将近傍晚了，天渐渐变黑，月亮出来了。这时，从树林里传来叹气声：“呜

咕……呜，呜……”乌鸦飞走了。林子里飞出来一只雕鹗，降落在马尸上。它用嘴啄着肉，耳朵抖动着，白眼皮一眨一眨的，刚想好好填饱肚子，突然听到雪地上响起了“沙沙”的脚步声。雕鹗飞上了树。狐狸来到尸体前，发出“咯吱咯吱”的一阵牙齿响。它还没有吃饱，狼就来了。狐狸只好逃进了灌木丛。狼扑到尸体上。它浑身兽毛直立，刀子似的牙齿剔下了一块块马肉，吃得很香，连附近的声音都听不见了。过了不久，它抬起头，把牙齿咬得咯咯响，好像在说：“别过来！”然后，又独自吃起来了。忽然一声雷鸣般的怒吼在它头顶炸响，狼吓得夹起大尾巴，飞速逃跑了。原来森林的主人——熊来了。这时，没有谁敢走近了。黑夜就要结束时，熊吃完了饭，睡觉去了。而狼夹着尾巴，躲在暗地里。熊一走，狼就扑到了马尸上。狼吃饱了，狐狸来了。狐狸吃饱了，雕鹗飞来了。雕鹗吃饱了，乌鸦们又来了。天也露出了鱼肚白，这一顿免费大餐被吃得所剩无几，只有一点点碎骨头了。

【转折】转折句，引出下文。

【点题】结尾处与题目相照应。

芽在哪儿度过冬天

树木的嫩芽会悬在半空中过冬。草的芽，也纷纷选择了适合自己的过冬方法。例如林繁缕的芽，在枯黄茎叶的怀抱里过冬。它的芽绿绿的，还活着；而叶子却早在秋天就枯黄了，整棵草仿佛死了一般。而触须菊、卷耳、石蚕草，还有许多其他矮小的草，躲在积雪下保全了芽，自己也安然无恙，准备以绿色的盛装迎接春天的到来。这么说来，虽然离地不高，这些小草的芽，都是在地上过冬的。其他草的芽的越冬地就不一样了。去年生长的艾蒿、牵牛花、草藤、金梅草和立金花，这会儿在地上已不见踪影，只剩下半腐烂的叶和茎。假如想找它们的芽，可以在紧挨地面的地方找到。

【概括全文】总起句，概括全文内容。

草莓、蒲公英、苜蓿、酸模和蓍草的嫩芽也在地面上过冬，不过，这些嫩芽被一丛丛绿色的叶簇紧紧包围着。这些草也将通体嫩绿地从雪底下钻出来。还有许多草在地底下保存嫩芽。像鹅掌草、铃兰、舞鹤草、柳穿鱼、狭叶柳叶菜、款冬这些草的芽，附着在根状茎上过冬；野大蒜、野葱等的芽，在鳞茎上过冬；紫堇的芽，则在小块茎上过冬。陆地上的植

【举例子】举例说明这些植物的嫩芽过冬的情况。

物的芽，就在这些地方过冬。那些水生植物的芽，可以将自己深埋在池底或在湖底的淤泥里度过整个冬天。

● 发自尼·米·芭芙洛娃

小木屋里的荏雀

在忍饥挨饿的冬月里，各种林中的飞禽走兽都往居民的住宅附近凑，在这里比较容易找到东西填饱肚子。饥饿使鸟兽战胜了恐惧。这些小心翼翼的林中居民，不再害怕人类。黑琴鸡和灰山鹑会悄悄地溜进打谷场和谷仓。雪兔跑到村边的干草垛里大吃大嚼……有一天，我们《森林报》的记者打开自己住的小木屋的门，竟有一只荏雀从大门飞了进来。它身上的羽毛是黄色的，脸颊呈白色，胸脯上还有黑色条纹。只见它动作轻快地啄食餐桌上的食物碎屑，对人毫不畏惧。主人关上门，于是荏雀被俘了。它在小木屋里住了整整一个礼拜。虽然没人惊扰它，也没人喂它，但是它一天天地明显胖了起来。它整天在屋里打食吃。它搜寻蟋蟀，搜寻藏在木板缝里的苍蝇，捡拾食物碎屑；晚上就钻进俄式火炕后面的细缝里睡大觉。过了几天，它把屋子里的苍蝇和蟑螂都吃光了，就开始啄起面包来。它把所能看见的一切东西，如书、小盒子和木塞子等，都啄坏了。这时，房主人只好打开房门，把这位毫不客气的小客人撵了出去。

【外貌描写】简要描述荏雀的外形特征。

【行为描写】介绍荏雀如何觅食。

聪明的打猎方式

一大早上，我和爸爸一起去打猎。早上温度很低。雪地上有很多脚印，爸爸说："这是新脚印。兔子就在附近。"爸爸叫我沿着脚印走，他自己则在原地守着。兔子要是被人从躲藏处赶出来，一般会先转个圈子，再沿着自己的脚印往回跑。我沿着脚印走。脚印延伸得很远，不过我坚持走着。不久，我就把兔子赶出来了。原来它躲在柳树丛下面。兔子惊慌失措地转了个圈子，接着顺着自己原先的脚印跑去。我急不可耐地等待枪响。过了一分钟，又一分钟。突然，在一片寂静中传来一声枪响。我朝枪响的地方跑去，很快看见了爸爸，在距离他大约十米的地方躺着一只兔子。我捡起兔子，

【点题】这是爸爸聪明的打猎方式，与题目相吻合。

【转折】转折句，引出下文。

和爸爸回家了。

【引出下文】
中心句，引出故事情节的发展。

【点题】
与题目相照应，同时，也起着引出下文的作用。

野鼠出动

这个时候，许多林中野鼠的粮仓都缺粮了。为了躲避白鼬、伶鼬、鸡貂和其他肉食动物，许多野鼠从洞穴里逃了出来。在白雪覆盖着的大地和森林里，没有食物可食。一群饥饿的野鼠从森林里出动啦！人们的谷仓实在太危险了，要时刻警惕了。伶鼬跟着野鼠走。不过，伶鼬的数量太少，捉不完如此多的野鼠。要保护好粮食，别让野鼠给吃光了！

定居下来了

【行为描写】
介绍熊建熊洞的具体步骤。

【解释说明】
结尾处指出熊第三次的藏身之地。

深秋的时候，在一座小枞树密集的小山坡上，熊选好了建造熊洞的地方。它用脚爪抓下细长的枞树皮，把它运到了山上的一个坑里，又在坑上面扔下柔软的苔藓。然后它把坑附近的一些小枞树咬断，让小枞树如同一个窝棚一样盖住坑。它自己钻进去，放心地睡大觉了。不过，还不到一个月的时间，猎狗就找到了熊洞。熊费尽千辛万苦才从猎人手下逃脱。它只好直接睡在雪地上。不过，就算在这里，也还是被猎人找到了，它在最后一刻又逃脱了。它第三次藏起来了。这次，没有谁能想到去哪里找它。到春天时，人们才发现，它竟在高高的树上睡了个安稳觉。这棵树的上半部分树枝，不知何时被暴风吹折过，倒着生长，类似于坑。在夏天，鹰把干树枝和柔软的枯叶拖到这里来。孵完雏鸟后，鹰就飞走了。在冬天，这只在自己的洞里受尽惊吓的熊，意料之外地爬到这个空中的“坑”里来过冬了。

城市新闻

免费食堂

【点题】
与题目相照应。

鸣禽们正在遭受着饥饿和严寒的折磨。有爱心的城里人，在花园里，或者直接在自家的窗台上，为它们开办了免费小食堂。有些人把小块面包和肥肉用线拴起来，挂在窗外。

有些人把装着谷粒和面包屑的小筐子放在院子里。荏雀、白颊鸟和青山雀,偶尔还有黄雀、红雀,以及其他许多冬天的小客人,一起光顾这些免费食堂。

学校里的生物角

不管你去哪个学校,都会看见生物角。在生物角的箱子、罐子和笼子里生活着各种各样的动物。它们都是孩子们夏天外出旅游时抓回来的。现在,孩子们忙个不停:要让所有住户吃饱喝足;要按各自的习性给它们安排住所;还要照料好每位房客,以防它们逃跑。生物角里生活着鸟、兽、蛇、青蛙和昆虫。其中,有一所学校的孩子们给我们看他们夏天写的日记。显然,他们收集动物不是随便闹着玩的,而是目的性很明确。在6月7日,日记本上写道:"我们贴了一幅宣传画,呼吁大家把收集到的动物,都上交给值日生。"在6月10日,值日生写道:"杜拉斯上交了一只啄木鸟。米拉诺夫上交了一只甲虫。加夫里洛夫上交了一条蚯蚓。雅柯夫列夫上交了一只瓢虫和一只荨麻上的小甲虫。包尔晓夫上交了一只小篱雀。"等等。每天的事在日记本上几乎都有记录。"在6月25日,我们到池塘边玩耍。我们抓到了许多蜻蜓的幼虫和其他小虫子。我们还抓到一只我们急需的蝾螈。"有的孩子甚至还详细描述了他们抓到的动物:"我们抓到了好多水蝎子、松藻虫和青蛙。青蛙有四条腿,每只脚上分别长着四只脚趾。它的眼睛是乌黑的,鼻子像两个小洞。它的耳朵很大。青蛙是对人类十分有益的动物。"冬天,孩子们还凑钱到商店里买了几种我们本地没有的小动物,比如乌龟、金鱼、天竺鼠,还有羽毛艳丽的小鸟。每当走近生物角,你就能听到里面的房客的喧闹声。这些动物,有的尖声叫嚷,有的婉转啼鸣,有的轻轻地哼唧;有的小房客是毛茸茸的,有的则是光溜溜的,有的长满羽毛。总之,生物角简直是个小型动物园。孩子们还琢磨出交换动物的好主意。夏天,一所学校的学生捉到许多鲫鱼;另一所学校的学生则养殖了很多兔子,多得都快放不下了。于是,两个学校的孩子进行了交换:四条鲫鱼换一只家兔。低年级学生都是

【叙述】
体现生物角在学校很普遍。

【介绍说明】
介绍生物角的生物种类。

【叙述】
表现孩子们对收集动物的重视。

【场景描写】
指出生物角的动物非常多,可以说是一个小型动物园了。

这样做的。

而年纪稍长的孩子，则建立了他们自己的小组织，几乎每所学校都建立了少年自然科学家小组。

【过渡句】
承上启下。

在列宁格勒的少年宫里，也有这样一个小组。各个学校都选派了最优秀的少年自然科学家参与这个小组的活动。在那儿，少年动物学家和少年植物学家们，共同学习怎样观察和猎捕动物，怎样照顾逮到的动物，怎样制作动物标本，怎样采集和制作植物标本。少年自然科学家们非常关注风、雨、朝露和酷暑，关注田野、草地、江河、湖泊和森林的生活，关注集体农庄庄员们所干的农活。他们在研究我国既巨大无比又丰富多彩的资源。在我国，新一代的科学家、勘探工作者、猎人、自然工作者正在成长起来。他们是充满智慧、生机勃勃而又具有开创力的一代。

【总结全文】
结尾处表达对祖国未来的美好期盼。

和树同龄

今年，我十二岁了。在我们市里的街道上，生长着一些槭树，它们和我一样大：少年自然科学家们在我出生的那天种下了这些树。快看啊，槭树长得比我还高一倍呢！

●发自谢辽沙

祝你垂钓都很准

冬天竟然还有人钓鱼！这可真是太稀奇了！

【引出下文】开篇列举奇怪的现象，留下悬念。

冬天钓鱼的人还不少呢！因为，在冬天，鲫鱼、冬穴鱼、鲤鱼早早地就冬眠了，可并不是所有的鱼都这样懒惰。很多种鱼，都只在最冷的时候才冬眠；山鲶鱼一冬都不睡，甚至在冬天还产下鱼子，在一月、二月产卵。法国人有句俗语："冬眠冬眠，不吃也饱。"不冬眠的，是要吃饭的。要想钓冰底下的鲈鱼，最好、最简便的方式，就是用金属制的鱼形片来钓鲈鱼。可是寻找鲈鱼冬天聚居的地方，是很难的。在陌生的江河湖泊里钓鱼，只好根据一些迹象来判断，方位大概确定了以后，就在冰上凿几个小窟窿，先试试鱼是不是咬钩。

【解释说明】告诉读者在钓鱼时应该注意些什么。

具体特征如下：要是河流是蜿蜒曲折的，在陡峭的河岸下，可能会有个比较深的坑。当天气转冷的时候，鲈鱼就会一群一群地游到坑里来。要是有清澈的林中小溪流入江河湖泊，那儿一般在湖口或河口比较低一点儿的地方应该会有一个深坑。芦苇只生长在浅水处；在江河湖泊里，那些自然形成的凹坑一般都在芦苇丛外。必须在凹下去的深坑里寻找鱼儿过冬的地方。

【解释说明】介绍冬天鲈鱼藏身的地方，以方便钓鱼。

在冬天钓鱼的人，一般会用铁杵在冰面上凿出一个直径20~25厘米宽的小洞来，在细线或棕丝的一头拴上一个鱼形金属片，放进凿好的冰窟窿里。先直接放到水底，试试水有多深。再用急促的动作，开始拉动钓钩线，但不要再把钓钩线垂到水底。鱼形金属片在水里漂浮着，闪着亮光，很像一条活鱼。贪心的鲈鱼怕这条可口的小鱼从嘴边溜掉，一下子扑了过去，就这样把假小鱼连同钓钩一起吞到肚里，变成了钓鱼人的可口晚餐。如果没有鱼咬钩，钓鱼人就换到其他地

【介绍说明】介绍钓鱼前必须要做的一些准备工作。

【过渡句】

过渡，承接下文。

方，开凿新的冰窟窿。一般用冰下捕鱼具来捕捉“夜游神”山鲶鱼。冰下捕鱼具指的是一面短短的立网，也就是在一根绳子上系上 3 根线绳（或棕绳），每根线绳之间的间距为 70 厘米。钓钩上挂着鱼饵，这些鱼饵可能是条小鱼，或者是一小块鱼肉，又或者是山鲶鱼喜欢吃的蚯蚓。绳子的另一头拴个重物，一直垂到水底。水流便把带着饵食的钓钩，一个接一个地冲到冰下面。绳子的上端拴在一根棍子上。把棍子横放在冰窟窿上，一直放到第二天早晨。钓山鲶鱼的好处在于，用不着像钓鲈鱼那样，在河上等很久，冻得受不了。只用等到第二天早晨再来一趟，把棍子提起来一看，绳子上已经挂着一条长长的、黏糊糊的大鱼了。这条鱼长得有点像老虎，有花条纹，身子两侧扁扁的，下巴上长根胡须，这就是山鲶鱼。

【外貌描写】

介绍山鲶鱼的外形特征。

【名师点拨】

本章主要报道了在忍饥挨饿的冬天，动植物们百态的生活状况，内容丰富，十分吸引人。

【回味思考】

1. 熊是如何搭建冬眠的洞的？
2. 如何寻找鱼儿过冬的地方？
3. 山鲶鱼是什么样子的？

熬待春归月（冬三月）

苦熬寒冬

到了森林年的最后一个月了。这是最艰难的一个月。森林中居民仓库里的存粮，也都快吃完了。飞禽走兽们都饿瘦了，皮下暖和的脂肪层也消去了。长期吃不饱的生活，使它们没多少体力了。这时，狂风暴雪又好像故意刁难它们似的，在树林里肆意穿梭，温度越来越低。冬爷爷仅能再快乐一个月了，所以它释放出了所有的寒气。现在，所有的飞禽走兽只能再坚持一下，凝聚最后的力量，苦熬到春天的到来。我们的森林记者走遍了整个森林。他们担心飞禽走兽不能熬到天气转暖，他们看见森林里的许多悲惨的事。有些林中居民忍受不住饥饿与寒冷，失去了性命。剩下的还能再坚持一个月吗？其实，有些飞禽走兽，你不用为它们担心，因为它们是不会送命的。

【点题】总起句，点题。

【过渡】过渡句，起着承上启下的作用。

酷寒的牺牲品

酷寒，再加上强劲的北风，那真是太可怕了！在这样的天气之后，你可以在雪地上找到许多冻死的飞禽走兽和昆虫的尸体。风把积雪从树桩下、断树下吹了出来。那里面正好有小野兽、甲虫、蜘蛛、蜗牛和蚯蚓躲藏着呢！风吹走了它们身上避寒的雪被，它们就被冻死了。在飞行途中，鸟被暴风雪击倒了。乌鸦的忍耐力超强，不过在长久的暴风骤雪之后，还是在雪地上发现了它们的尸体。暴风雪过后，森林卫生员立即开始工作。猛禽和猛兽这时也在森林里四处寻找食物，在风雪中被冻死的动物的尸体都被它们收拾得干干净净了。

【感叹】表现冬天的冰冷难熬。

【点题】这些被冻死的小动物们，成为猛兽和猛禽的盘中餐。与题目相照应。

光滑的冰

有时，在冰雪融化之后，天气突然一下子变成刺骨的寒冷，把融化的雪马上冻成了冰。积雪上的冰层，坚硬、滑溜。鸟兽柔弱的脚爪根本刨不开它，尖嘴也啄不破它。鹿蹄可以踏穿它，不过被踢破的坚硬的冰层的边缘锋利得像把刀，割破了鹿脚上的毛皮和肉。鸟儿怎么才能吃到冰层下的小草和谷粒呢？要是没有能力啄破这坚硬的冰层，就要挨饿。这样的事也会偶尔发生。在冰雪消融的天气里，地上的雪也变得湿润蓬松。傍晚，一群灰山鹑飞落在雪上，它们轻松地在雪地上刨了几个小洞，在暖和的洞里睡觉呢！不过，到了半夜，温度降低。山鹑睡在暖和的地下洞穴里，并没有醒，它们感觉不到冷。到第二天早晨，山鹑才睡醒。雪底下挺暖和的，不过呼吸很困难。得到外面去呼吸点新鲜空气，活动一下翅膀，找些食物吃。它们准备起飞，不过头顶上有一层结实的冰挡着。整个大地就像一个光滑的溜冰场。冰层上没有任何东西，冰层底下则是柔软的雪。灰山鹑把小脑袋使劲向冰壳撞，撞得鲜血直流——要是能钻出这个冰罩子就好了！要是谁能冲出这个死牢笼，就算它还得饿肚子，也算是幸运的。

【运用修辞手法】
比喻句，形象地突出了冬天冰坚硬的特点。

【运用修辞手法】
采用比喻手法，表现冬季天气严寒、冰层厚的特点。

玻璃一样的青蛙

森林记者敲掉了池塘里的冰，掘开冰底下的淤泥，看到许多青蛙躺在淤泥里，它们依偎在一起，是钻进来过冬的。被从淤泥里拖出来的它们，完全就像是用玻璃做的一样。青蛙的身体变得很脆。如果不小心一敲，纤细的小腿马上就断了。我们的森林记者带了几只青蛙回家。他们小心地把冰冻的青蛙放在暖和的屋子里，给它们温暖。青蛙渐渐苏醒了，变得活跃起来，在地板上蹦来蹦去。等到春天，阳光融化池塘里的冰，青蛙就会醒过来，变得活跃起来。

【运用修辞手法】
运用比喻，表现青蛙冬天的状态。

大懒虫

在托斯那河沿岸，距离十月铁路的萨勃林诺车站不远处，有个大岩洞。过去，人们在那里挖沙子，不过现在，那个洞很久没人进去过了。我们的森林记者走进了那个洞，发现

【引出下文】
引出下文。

洞顶上挂着许多蝙蝠:兔蝠和山蝠。它们在那里足足睡了五个月了:头朝下,脚爪紧紧地抓着粗糙不平的岩洞顶。兔蝠把大耳朵藏在折起的翅膀下,用翅膀包裹着身体,仿佛穿着风衣,它们就这样倒挂着睡觉。蝙蝠睡了这么久,我们的森林记者有些担心,因此给蝙蝠测了脉搏、量了体温。在夏天,蝙蝠的体温跟我们人一样,大约37℃,脉搏每分钟则跳200次。而现在,蝙蝠的脉搏每分钟只跳50次,体温仅仅5℃。不管怎样,这些大懒虫的健康状况并不令人担忧。它们还可以悠闲地再睡上一个月,或者两个月,等到天气暖和,它们就会很健康地醒过来的。

【点题】
指出兔蝠和山蝠待在大岩洞里的时间和状态,与题目相互照应。

隐秘的角落

今天,我在一个隐秘的角落里,找到了一株款冬。它正好开花了,也不怕寒冷,细茎上似乎还穿着单薄的衣裳:鳞状的小叶,蛛丝般的茸毛。现在,人们都穿着外套,都怕冷,可它竟然穿得这么单薄。你肯定不相信我的话:附近都是雪,怎么可能有款冬?我说过,我在“隐秘的角落”里发现了它!好吧,告诉你吧!它生长在一座大楼的南面,并且是在暖气管子通过的地方。在“隐秘的角落”里,雪随时都可以融化,所以土是黑颜色的,和春天时一样,散发着热气。不过,气温还是低得刺骨啊!

●发自尼·米·芭芙洛娃

【外貌描写】
介绍款冬的“衣裳”。

【环境描写】
告诉读者款冬的生长环境。

从冰窟窿里探出一个脑袋

有一个渔夫正在涅瓦河口芬兰湾的冰上行走。当他经过一个冰窟窿时,看到从冰底下探出一个光秃秃的脑袋,还依稀长着几根硬胡须。渔夫以为是溺水的人从冰窟窿里浮起的脑袋。不料,这个脑袋竟朝他转了过来。渔夫仔细一看,竟是张长着胡须的野兽的脸,皮肤绷紧,脸上布满闪闪发亮的短毛。一双明亮的眼睛,有一瞬间呆呆地盯着渔夫的脸。然后,传来一声“哗啦”的声音,兽脸钻进冰底消失了。渔夫这才明白他看到的是海豹。海豹正在冰底下抓鱼。它把脑袋探出水面一小会儿,是为了透气。冬天,海豹不时从

【外貌、神态描写】
简要介绍海豹的外形特征与动作表情。

冰窟窿里爬到冰面上来，因此渔夫们经常在芬兰湾上猎到海豹。有时，一些海豹追鱼，一直追进了涅瓦河。在拉多牙湖里的海豹数不胜数，那里简直是个真正的海豹渔猎场。

大力士公麋鹿

森林中的大力士公麋鹿和小个子公鹿，它们的犄角都脱落了。公麋鹿主动扔下头上那沉重的负担：它们在密林里，在树干上用力磨蹭它们的犄角，一直到蹭下来为止。这时，有两只狼，见到了这个解除了武装的大力士，打算向它进攻。它们觉得现在胜券在握。一只狼从前面扑向麋鹿，另一只狼从后面进攻。意外的是，战斗很快结束了。麋鹿用两只结实的前蹄，踢碎了一只狼的脑袋，然后立即转过身，把另一只狼踢倒在地。这只狼全身是伤，费尽全力才从敌人身边逃脱。最近几天，公麋鹿和公狍子又长出了新犄角，这是还没有长硬的肉瘤，外面覆盖着一层皮，皮上是柔软的绒毛。

【行为描写】麋鹿是怎样脱掉犄角的，这里作了简要的描述。

冷水浴的爱好者

在波罗的海铁路的迦特钦站周围，在一条小河的冰窟窿旁，森林记者发现了一只黑肚皮的小鸟。那天天气寒冷无比。天上虽挂着闪闪的太阳，不过那天早晨，我们的森林记者还不得不好几次用雪来擦他那冻得发白的鼻子。因此，当他听到黑肚皮小鸟快乐地在冰上歌唱时，无比惊讶。他走上前，看到小鸟跳了起来，“扑通”一声掉进了冰窟窿里。“投河自尽啦！”森林记者想，他急忙跑到冰窟窿旁，想救起那只糊涂的小鸟。可是小鸟竟在水里用翅膀划水，和游泳选手用胳膊划水一样。小鸟的黑脊背在透明的水里闪闪发光，仿佛一条小银鱼。小鸟潜入河底，用锋利的脚爪抓沙子，在河底跑起来了。它在一个地方逗留了不久，就用嘴把一块小石子翻过来了，从石子下捉出一只乌黑的水甲虫。过了不久，它已经从另一个冰窟窿里钻出来，跳到了冰面上。它把身上的水抖掉，又唱起快乐的歌来。森林记者把手伸进冰窟窿里，心想：“可能这里是温泉，小河里的水是暖和的吧！”不过，他立马把手从冰窟窿里缩了回来：冰冷的河水把他的手冻得刺骨

【环境描写】突出天气寒冷的特点。

【转折】转折句。

【介绍说明】
介绍河乌的外形及生活习性。

地疼。这时他才明白过来：眼前的这只小鸟，是一种水雀，名叫河乌。这种鸟，和交嘴鸟一样，不遵循自然规律。它的羽毛上有一层薄薄的脂肪油。它潜入水中的时候，那油腻的羽毛就会起泡，银色的光一闪一闪的。河乌好像穿了一件空气制成的衣服，因此，就算在冰水里，它也感觉不到冷。在我们列宁格勒州，河乌是罕见的客人，仅仅在冬天的时候，它们才会登门拜访。

不要忘记鱼儿

【过渡】
过渡句。

让我们来关注一下鱼儿吧！鱼儿已经在河底的深坑里睡了一个冬天了，它们的头上，是结实的冰屋顶。大多是在冬季快要结束的二月份，它们在池塘和林中湖泊里，有时会感到有些缺氧。于是，那些鱼儿就游到冰屋顶下，张开它们的圆嘴，用嘴唇捕捉冰上的小气泡。鱼儿有可能会全部缺氧而死。要是那样的话，春天来了，冰雪融化后，你拿着钓竿到这样的水池边去钓鱼，就钓不到鱼了。所以，一定不要忘记鱼儿。在池塘和湖面上，可以凿几个冰窟窿。还要让冰窟窿别再结冰了，这样鱼儿才可以有空气呼吸。

坚强的生命

【引出下文】
以提问的方式引出下文，给人思考的空间。

整个漫长的冬季，当你望着冰雪覆盖的大地，会不由自主地思考：在这片寒冷而干燥的雪海下面，到底还剩下些什么呢？在雪海下面，是不是有生命存在？在森林、林中空地和田野的积雪上，记者分别挖了一些很大的深坑，一直挖到地面。我们在那些地方看到的东西，真是出乎我们的预料。雪里面露出了许多绿色的小叶簇。有从枯草根下钻出来的尖尖的小嫩芽，有被沉重的积雪压得匍匐在冻土上的绿色草茎。它们都活着！原来，草莓、蒲公英、荷兰翘摇、狗牙根、酸模，还有各色各样的植物，都住在幽静的雪海底下。它们都是绿绿的。在翠绿娇嫩的繁缕上，甚至还长着细小的花蕾。在我们森林记者挖的雪坑的四壁上出现了一些圆形小窟窿。原来这是被铁锹铲断的小野兽的交通道，这些小野兽很擅长在雪海里找东西吃。在雪底下的老鼠和田鼠啃吃既美味可

【点明真相】
点明事实真相。

口又有营养的植物根;食肉兽鼩鼱、伶鼬和白鼬就在雪底捕捉这些啮齿动物和在雪里过夜的小鸟。从前,人们觉得只有熊才在冬天生小熊。有句话是这样说的:福气好的小孩“穿着衣裳”降临人间。小熊出世时,个头很小,和老鼠一样大,不但穿着衣裳,而且直接穿着皮袄降临人间。现在,科学家们研究发现,冬天有些老鼠和田鼠就好比搬到了冬季别墅:从夏天的地下洞穴,搬到了地面上,在雪底下的树根和灌木下部的枝头上筑巢。让人惊奇的是:冬天它们也生孩子!刚生下来的小老鼠光溜溜的,不过巢里很暖和,鼠妈妈会给它们喂奶吃。

【过渡】过渡自然。

【感叹】在寒冷寂静的严冬也有新生命诞生,令人惊叹。

城市新闻

装修和新建

城里到处都在忙着装修旧屋子,建新房。老乌鸦、老慈乌、老麻雀和老鸽子,都在忙着装修去年的老巢。去年夏天才出生的年轻一代在忙着筑新巢。这大大增加了树枝、稻草、马鬃、绒毛和羽毛这些建筑材料的需求量呢!

我爱鸟

我和我的同学舒拉,都非常喜欢鸟。在冬天,山雀和啄木鸟这类小鸟时常挨饿。我们很同情它们,于是给它们做了个饲料槽。我家周围,树木成荫。鸟儿总是落在树上觅食吃。我们用胶合板做了一些浅小的盒子,每天早晨往盒子里撒谷粒。鸟儿慢慢已经习惯了,并不害怕飞到盒子前,它们高兴地啄食吃。我们认为,这会给鸟带来益处。我们希望所有的小朋友们都能够参与这件事。

【行为描写】体现“我们”对鸟的喜爱之情。

●发自森林记者瓦西里　亚历山大

城市交通新闻

在拐角处的房子上,有个标记:在圆圈中间画着一个黑色的三角形画,在三角形里有两只雪白的鸽子。它的意思是:“当心鸽子!”司机开车到大街拐角处转弯时,会谨慎地绕过

【外貌描写】这是“当心鸽子”的标志,给人以警醒的作用。

【外貌描写】
介绍鸽子的颜色。

一大群鸽子。这群鸽子就聚在马路中间，有青灰色的，有白色的，有黑色的，有咖啡色的。大人们和孩子们站在人行道上，丢米粒和面包屑喂鸽子。“当心鸽子！”，这个叫汽车注意的牌子，最开始是根据女学生托尼·柯尔基娜的提议，挂在莫斯科的大街上。现在，在列宁格勒和其他交通繁忙的大城市里，也都挂出了同样的牌子。男女市民们经常边喂鸽子，边欣赏这些象征和平的小鸟。珍惜鸟类的人们是光荣的！

返回故乡

【引出下文】
总起句，引出下文。

《森林报》编辑部收到了许多令人高兴的消息。这些信件来自埃及、地中海沿岸、伊朗、印度、法国、英国和德国。信中是这样写的：我们的候鸟已经在返乡之路上了。它们沉着镇定地飞着，一步步占领了刚刚融化的大地和水面。它们会规划好，当我们这儿冰雪融化、江河解冻的时候，就会飞到这里来。

雪下的奇迹

今天是个融雪天。我到地里挖种花用的泥土，顺便看看

我为鸟儿开辟的小菜园子。在那儿，我给金丝雀种了繁缕。金丝雀非常喜欢吃繁缕鲜嫩多汁的绿叶。繁缕你们都认得吧？它有着淡绿色的小叶子、隐约可见的小花和缠在一起的脆嫩的细茎。繁缕紧贴地面生长，要是没有照料好，菜地都会被密密麻麻的繁缕占领。今年秋天，我播下了繁缕的种子，不过种得实在太晚了。种子发了芽，不过还没来得及长成苗。这样，它们就被埋在了雪下，只留一小段细茎和两片子叶。我没指望它们能活下来。可是，当我再去瞧时，它们不仅熬过了冬天，而且还长高大了。它们已经不是幼苗，而是小植物了，好几株上还长着花蕾呢！真让人佩服啊，要知道它们生长在如此寒冷的大冬天，而且还是在雪底下啊！

【外貌描写】介绍繁缕的外形特点。

【抒发情感】突出繁缕生命力顽强的特点。这真是雪下的奇迹啊！

●发自尼·米·芭芙洛娃

神奇的小白桦

在昨天晚上和夜里，雪花纷飞，我在台阶前园子里种植的一棵心爱的白桦树的树干，和全部的树枝都被雪涂成了白色。天快要亮的时候，气温突然降低。太阳升到蔚蓝的天空中。这时我的白桦树变得神奇而迷人：它挺立在那里，从树干到最细的小树枝，都好像涂了一层白釉，原来是湿漉漉的雪冻成了一层薄冰。小白桦浑身银光闪闪。飞来了几只长尾巴山雀。它们毛茸茸的温暖的羽毛，就像一团团白色的小线球，每个球上插着一根织针。它们停在小白桦上，来回转着圈，搜寻可以吃的食物。然而小脚爪总是打滑，小嘴也啄不破冰层。白桦树似乎是由水晶玻璃制作而成，可以听到尖细的、冷漠的叮当声。山雀牢骚满腹地飞走了。太阳渐渐升高了，温度越来越高了，冰层也终于晒化了。融化的冰水，从神奇的小白桦的树枝上、树干上流了下来，形成了一个冰冷的喷泉。水不断往下滴。水珠闪烁着，向前流着，像一条条小银蛇一样，沿着树枝源源不断地流下来。山雀飞回来了。它们落在树枝上，一点也不怕沾湿了小脚爪。现在它们可高兴了：小脚爪也不会打滑了，解冻的白桦树还请它们吃了一顿美味的早餐。

【运用修辞手法】比喻手法，写出了山雀羽毛的特点。

【运用修辞手法】比喻手法，使语句更生动形象。

●发自森林记者维利卡

迎接春天

【运用修辞手法】采用拟人手法，衬托了春天来临前的欢快气氛。

一天，温度虽然很低，但是阳光灿烂。在城市的花园里，春天的第一首歌响起来了，原来是荏雀在唱歌。歌曲很简单："欣——希——维！欣——希——维！"就是这几句简单的歌词。不过这歌声听起来是如此欢快，好像这只快乐的、胸脯呈金色的小鸟，想用鸟语对大家说："脱掉外套！脱掉外套！迎接春天啦！"

【名师点拨】

本章主要报道了在酷寒的残冬月，动植物们是如何苦熬到春暖花开的时节的。

【回味思考】

1.款冬的生长环境是怎样的？
2.公麋鹿是怎样脱掉犄角的？
3.河乌落到河里为什么不觉得冷？

阅读训练

一、填空题

1. 维·比安基是________著名________文学作家。他的主要作品有________、________、________。

2. 在春天里打猎的对象主要是树林里和水面上的________，不允许带________。

3.早春的第一批鲜美的蘑菇是________和________。

4.________的住房是最精美的，_____和____不愿花力气去造房子，________的房子最与众不同。

5.蚁鴷鸟，以模仿________来吓跑敌人，保护自己。

二、选择题

1.(　)是春天大门的开启者。

A.白嘴鸦　B.百灵鸟　C.兔子　D.椋鸟

2.(　)不是森林里的清洁工。

A.熊　B.狼　C.乌鸦　D.兔子

3.“特勒勒，特勒勒”的声音是(　)发出来的。

A.鹤　B.甲虫　C.蚊母鸟　D.黄莺

4.(　)的妻子生下孩子就跑了。

A.鲈鱼　B.松鼠　C.棘鱼　D.海马

5.(　)属于食用蘑菇。

A.胆菇　B.白蘑菇　C.鬼菇　D.毒鹅膏

三、判断题

1.蜘蛛虎靠织网来捕捉猎物。　(　)

2.蝮蛇带有毒性，它以老鼠和青蛙为食。　(　)

3.钓鱼的最佳位置是陡一点儿的岸边,水中残留树枝和灌木的河中心的小洼地,岸边长有杂草和芦苇的位置。（ ）

4.金线虫是一种无头的软体虫,对人类有危害。（ ）

5.候鸟飞走的次序和飞来时恰恰相反:先飞走的是色彩艳丽的、五彩缤纷的鸟儿，最后飞走的是春天第一批飞来的鸟儿。（ ）

参考答案

一、填空题

1.苏联　儿童　《林中侦探》《森林报》《山雀的日历》 2.鸟类　猎狗　3.羊肚菌　鹿花菌　4.卷叶象鼻虫　勾嘴鹬　夜莺　银色水蜘蛛　5.蝰蛇

二、选择题

1. A　2. D　3. C　4. C　5. B

三、判断题

1. ×　2.√　3.√　4. ×　5.√

《森林报》

读后感

《森林报》是我最喜欢的一本书，它是苏联著名儿童文学作家维·比安基最著名的作品。从这本书里，我可以了解到无数植物和各种动物的知识，了解它们的生活习性和主要特点，还能领略到森林的多姿多彩以及大自然的神奇魅力。可以说，大自然中的种种生灵跃然纸上，共同组成了这部比故事更有趣的科普读物。

这本书不但内容丰富有趣，而且编写方式也十分新颖活泼。作者采用报刊的形式，以春、夏、秋、冬 12 个月为顺序，用轻快的笔调真实生动地叙述了发生在森林里的故事。从作者的娓娓叙述中，我们可以看到他对大自然和生活的热爱之情，体会到书中所蕴含的诗情画意和童心童趣。

这本书不仅带给人美的享受，还启发人思考。在科技越来越发达的今天，我们人类反而没有以前幸福和快乐了，我们离大自然也越来越遥远了。日益恶化的生态环境，不仅影响着人们的现实生活，而且也影响了人们的精神生活。我国很多古人就是受到大自然的影响与启发，从而写下了许多脍炙人口的千古名篇。而远离大自然的现代人，又如何留下打动人心的美妙文章呢？大自然如果枯竭，人类的灵魂也跟着枯竭。

在读这本书的时候，我们的心灵随着作者的笔一起跳跃，我们看到了现代人不曾关注的另一个自然世界。在那个弱肉强食的自然世界里，我们却读到了生命的美与意义。希望所有人都能够阅读这本书，感悟生命，爱护自然！

图书在版编目(CIP)数据

森林报 / (苏) 比安基著；邓敏华编著. -- 济南：山东美术出版社, 2017.4（2021.6 重印）
（人生必读书）
ISBN 978-7-5330-5450-2

Ⅰ. ①森… Ⅱ. ①比… ②邓… Ⅲ. ①森林－青少年读物 Ⅳ. ①S7-49

中国版本图书馆 CIP 数据核字(2014)第 245993 号

责任编辑： 翟宁宁
主管单位： 山东出版传媒股份有限公司
出版发行： 山东美术出版社
济南市历下区舜耕路 20 号佛山静院 C 座(邮编:250014)
http://www.sdmspub.com
E-mail:sdmscbs@163.com
电话:(0531)82098268　传真:(0531)82066185
山东美术出版社发行部
济南市历下区舜耕路 20 号佛山静院 C 座(邮编:250014)
电话:(0531)86193019　86193028
制版印刷： 天津泰宇印务有限公司
开　本： 710mm × 1000mm　1/16　12 印张
字　数： 150 千
版　次： 2017 年 4 月第 1 版　2021 年 6 月第 5 次印刷
定　价： 28.80 元